2017

网信军民融合发展报告

钱学森智库
《网信军民融合》杂志社
《军民两用技术与产品》杂志社
中国航天系统科学与工程研究院
组编

北京理工大学出版社
BEIJING INSTITUTE OF TECHNOLOGY PRESS

图书在版编目（CIP）数据

2017网信军民融合发展报告/钱学森智库等组编．—北京：北京理工大学出版社，2018.6

ISBN 978－7－5682－5727－5

Ⅰ．①2…　Ⅱ．①钱…　Ⅲ．①计算机网络－网络安全－军民关系－研究报告－中国－2017　Ⅳ．①TP393.08

中国版本图书馆CIP数据核字（2018）第148438号

出版发行／北京理工大学出版社有限责任公司
社　　址／北京市海淀区中关村南大街5号
邮　　编／100081
电　　话／（010）68914775（总编室）
　　　　　（010）82562903（教材售后服务热线）
　　　　　（010）68948351（其他图书服务热线）
网　　址／http：//www.bitpress.com.cn
经　　销／全国各地新华书店
印　　刷／三河市华骏印务包装有限公司
开　　本／710毫米×1000毫米　1/16
印　　张／15.75
字　　数／225千字
版　　次／2018年6月第1版　2018年6月第1次印刷
定　　价／79.00元

责任编辑／张慧峰
文案编辑／张慧峰
责任校对／周瑞红
责任印制／王美丽

《2017网信军民融合发展报告》
编写委员会

主　编　薛惠锋　逯海军　顾升高

成　员（按姓氏笔画排序）

王桂芳　王　锋　王继伟　申三卫　石胜友
石　倩　刘骄剑　孙　璞　苏　彧　李　强
李　晶　李慧丽　李卫民　俞　飞　郝晓芳
盛　威　魏　松

编者序

十九大报告以大国大党的大历史观和大时代观，为中华民族的伟大复兴指明了方向。深入学习贯彻并切实践行习近平总书记极具震撼力、穿透力和感召力的十九大报告，理解报告旗帜鲜明、高屋建瓴、气势磅礴的底气所在，把握报告回答事关党和国家长远发展的一系列新的重大思想、重大观点、重大判断、重大举措，都需要把网信军民融合作为践行新时代伟大斗争、贯彻新理念伟大工程、解决新矛盾伟大事业和实现新目标伟大梦想的科学路径。在推动网信军民融合深度发展的过程中，每一个人、每一件事、每一个项目，都应深度融入实现“两个一百年”奋斗目标和中华民族伟大复兴中国梦的伟大事业中，网信军民融合就一定会成为中华民族复兴伟业中的持久驱动力量。

中国航天系统科学与工程研究院《网信军民融合》杂志社联合中国人民解放军军事科学院战争研究院、中国（复旦）网络空间战略研究所、浙江省网络空间研究院、中国警察法学研究会反恐与网络安全治理专委会、天津大学法学院互联网政策与法律研究中心等单位的专家学者，以学习贯彻落实十九大精神为核心，组织精干力量，分“时代篇”“历史篇”“国防篇”“产业篇”“技术篇”“人才篇”“借鉴篇”“未来篇”，编写梳理了《2017 网信军民融合发展报告》。在内容布局上，作为第一本网信军民融合发展情况的报告，我们充分考虑了历史的纵深感，并非单纯 2017 一个年度的内容，而是以此作为开篇之作，在此基础上，筹划之后的年度报告。2017 年度开篇之作具体内容如下：

第一部分为“时代篇”，立足现阶段的基本国情，分析阐述了我国在更高起点谋划网信军民融合，我国社会主要矛盾变化后网信民融合发展的路径选择，网络强国建设的网信军民融合，“一法两战略”视角下的网信军民融合，激发“数字立国”格局下的军民融合之力等，勾勒出目前我国网信军民融合深度发展的“新时代、新动力、新方法、新格局、新起点、新征程”。

第二部分为“历史篇”，介绍了“军民结合”模式探索中国防科技工业的起步、“军民一体化”发展中信息技术产业的转型、“寓军于民”实践中网信技术产业的积累、军民融合创新发展中网信时代的崛起四个发展阶段，阐述了我国网信事业从起步到崛起的历程。

第三部分为“国防篇”，从“定战略”“出政策”“改体制”“实举措”四方面，阐述了近年来在习近平总书记军民融合战略思想的引领下，我国在网信军民融合战略思想、国防政策法规、国防体制机制、国防发展建设等方面开展的工作和取得的成果。

第四部分为“产业篇”，综览“基础融合”“智慧联结”“数字强军”“遥感天下”“攻防一体”“智胜未来”六方面，剖析了我国网信产业基础、物联网、军工大数据、北斗导航、网络安全、人工智能等产业结构升级发展及产业化应用现状。

第五部分为“技术篇”，从“固本强基”“自主可控”

“前沿突破”“颠覆引领”四个方面，归纳综述了我国在筑牢网络强国强军发展根基、强力突破“心”与“芯”发展瓶颈、抢占世界网信融合技术高地、瞄准网信强国谋求“变道超车”等方面发展现状和发展方向。

第六部分为“人才篇”，聚焦“集汇众智”“扶强立新”“人才图腾”三方面内容，介绍了我国网信军民融合人才建设现状、机遇挑战以及人才队伍发展路径等。

第七部分为“借鉴篇”，围绕“他山之石”“精进之路”“发展之径”“育人之道”四个方面，放眼寰宇，跟踪分析国外主要国家网信军民融合政策法规、网信技术发展、网信产业态势以及网信人才培养等方面研究现状和发展趋势。

第八部分为“未来篇”，以“机制为要”“技术为重”“数字为基”“人才为本”“智能牵引”“价值引领”为指导，分析提出了我国将来在筑牢网信军民融合的制度基础、支撑网信军民融合的战略优势、拉动网信军民融合深度发展、强固网信军民融合本源、铸造网信军民融合利剑、建立网络空间命运共同体等方面的思路、建议。

2017 年 12 月

目 录

Contents

第一部分

时代篇

2017年，是开启中国特色社会主义历史崭新时代的一年。十九大的顺利召开，以“伟大斗争、伟大工程、伟大事业、伟大梦想”的大国大观，标志着中国社会开启了中华民族伟大复兴的新征程。在这个伟大的历史阶段，网络强国和军民融合成为国家战略，网信事业成为持久的驱动力量。我们必须充分激发网络强国战略和军民融合战略的共振效应。

2017年，网络强国建设进入第五个年头，在习近平总书记2014、2015、2016年四次重要讲话蕴含的网络强国建设格局、道义和力量的指引下，《网络安全法》落地实施，《国家网络空间安全战略》《网络空间国际合作战略》颁布实施，网信事业各项工作全面启动，全面深度融合中国特色社会主义建设的伟大进程，为中华民族伟大复兴提供了全新的驱动力量。

2017年，是军民融合深度发展的关键一年。中央军民融合委员会成立并接连召开两次会议，审议通过了《中央军民融合发展委员会工作规则》《中央军民融合发展委员会办公室工作规则》《中央军民融合发展委员会近期工作要点》《“十三五”国防科技工业发展规划》《关于推动国防科技工业军民融合深度发展的意见》《经济建设与国防建设密切相关的建设项目贯彻国防要求管理办法（试行）》等政策法规；十九大报告三次提到军民融合深度发展。这一年成为网信军民融合深度发展历程上一个最具里程碑意义的历史坐标，也是新时代的起点。

2017 年，开启了一个新时代，描绘了新起点。在这个更高起点上，以“伟大斗争、伟大工程、伟大事业和伟大梦想”的战略魄力谋划网信军民融合工作，将其作为习近平总书记新时代中国特色社会主义理论的重要组成部分，从网络强国和军民融合战略乃至国家创新发展战略的整体视角，凝聚一体化的国家战略能力。为此，作为学习贯彻落实十九大精神的重要工作，将网信军民融合的时代特色、历史脉络、国防需求、政策法规、技术体系等交汇融合在一起，力求为网信军民融合深度发展提供全面翔实的支撑，为贯彻落实十九大精神打造典型范例。

本部分是整个报告八个部分中的第一部分——“时代篇”，分析梳理了中国特色社会主义的新时代、中国基于社会主要新矛盾的网信军民融合新动力、中国富国强军的军民融合新方法、中国从网络大国走向网络强国的新格局、中国网络空间“一法两战略”的网信军民融合新起点、中国“数字立国”激发出的网信军民融合新征程，勾勒出网信军民融合深度发展的“新时代、新动力、新方法、新格局、新起点、新征程”。

一、新时代：在更高起点谋划网信军民融合深度发展

在党的十九大报告中，习近平总书记在“坚持党对人民军队的绝对领导”“决胜全面建成小康社会，开启全面建设社会主义现代化国家新征程”以及“坚持走中国特色强军之路，全面推进国防和军队现代化”三个部分中都强调军民融合，指出要坚持富国和强军相统一，强化统一领导、顶层设计、改革创新和重大项目落实，深化国防科技工业改革，形成军民融合深度发展格局，构建一体化的国家战略体系和能力。

在这个最具网络特征的中国特色社会主义新时代，以习近平同志为核心的党中央站在国家安全与发展战略全局高度，更加注重军民融合，坚定实施军民融合发展战略，推动形成军民融合深度发展格局。这是为实现中华民族伟大复兴的中国梦做出的重大战略部署。这种战略部署，在这个伟大的历史阶段，必将和网络强国战略协同共振，汇聚成网信军民融合深度发展的历史洪流，在党的十九大精神指导下，砥砺前行，不断迈上新台阶。

牢固树立新时代意识，紧紧把握新时代特征，切实落地新时代部署，就必须在更高起点谋划网信军民融合深度发展。这已经是摆在我们面前的一个重大战略任务，是建设中国特色社会主义的重要组成部分。将其始终融入网络空间和通过网络空间进行的伟大斗争、建设的伟大工程、推动的伟大事业和实现的伟大梦想，才能为实现中华民族伟大复兴提供持续的驱动力量。

（一）着眼新时代新要求，加强网信军民融合发展战略指导

中国特色社会主义进入新时代，是我们党根据我国国情的发展变化作出的一个重大战略判断。在这个时代中，我们要完成两大

战略任务，那就是“决胜全面建成小康社会”和“开启全面建设社会主义现代化国家新征程”。要完成这两大战略任务，就必须紧扣我国社会主要矛盾变化，统筹推进经济建设、政治建设、文化建设、社会建设、生态文明建设。必须着眼新时代和新任务对网信军民融合发展提出的新要求，不断加强对网信军民融合的战略指导。

1. 谋篇布局，引领网信军民融合深度发展

大盘取厚势，落子开新局。新时代网信军民融合发展涉及经济建设、政治建设、文化建设、社会建设、国防和军队建设、生态文明建设等方方面面。依据新时代国家发展的新要求、新特点和新任务，搞好谋篇布局，做好网信军民融合深度发展的顶层设计，把经济、政治、军事、文化等领域的网信军民融合发展作为一个有机整体，统筹设计、协调推进，才能有效提升网信军民融合发展的全面性、协调性和层次性，保证网信军民融合与国家发展相协调、相同步。

2. 战略组织，统筹网信军民融合发展全局

战略组织是以需求为牵引，着眼新时代网信军民融合发展全局和大局，统筹各方利益，协调各方行动，对推动网信军民融合发展而作出的全局性、根本性和前瞻性的战略筹划和战略组织。注重战略组织，就是要拓宽战略视野，突出问题导向；更新思维方式，强化顶层设计；前移指导重心，加强供需统合；注重综合平衡，统筹存量增量。

3. 体系建设，构筑网信军民融合保障机制

网信军民融合发展是一项复杂的系统工程。新时代我国发展的新方位和新任务，对网信军民融合发展的体系性提出了更高的要求。着眼新时代国家发展的新特点、新要求和新任务，统筹全局、谋划大局，需不断加强新时代网信军民融合发展的体系建设，包括新时代网信军民融合发展的规划计划体系建设、技术支撑体系建设、人才体系建设以及政策法规体系建设。

（二）着眼一流军队新目标，提升融合层次，拓展融合范围，加深融合程度

习近平总书记在十九大报告中指出，力争到2035年基本实现国防和军队现代化，到21世纪中叶把人民军队全面建成世界一流军队。这是我们党面对国家安全环境的深刻变化，面对富国强军的时代要求，对于国防和军队建设提出的奋斗目标。满足军事需求是网信军民融合发展的源头和牵引，离开了军事需求，网信军民融合发展就会成为无源之水、无本之木。因此，以十九大精神为指导，推动新时代网信军民融合发展，必须着眼把人民军队建设成为世界一流军队的新目标，不断提升网信军民融合层次，拓展融合范围，加深融合程度。

1. 以建设强大的现代化军队新需求为内生动力

陆军、海军、空军、火箭军和战略支援部队的现代化，离不开以信息技术为核心的新一轮技术革命的保障，离不开下一代通信网络、云计算、物联网、大数据、人工智能、3D打印和虚拟现实等高新技术的支撑。作为现代化建设的基础，网信军民融合事业发展，必须充分挖掘这些新技术在建设强大的陆军、海军、空军、火箭军和战略支援部队中的作用，加快技术创新，孕育重大突破，把有效满足建设强大的陆军、海军、空军、火箭军和战略支援部队的新需求作为网信军民融合发展的内生动力。

2. 以确保我军建设的阶段性战略目标为根本要求

习近平总书记在十九大报告中明确了我军现代化建设的两个阶段性战略目标，即确保到2020年基本实现机械化，信息化建设取得重大进展，战略能力有大的提升；力争到2035年基本实现国防和军队现代化。这既是习近平总书记对我军现代化建设提出的新要求，也是对未来网信军民融合发展提出的新要求。网信军民融合发展必须围绕这两个阶段性战略目标的实现，审时度势、谋篇布局，应在网信军民融合协调发展上下功夫。实现2020年和2035年军队建设的宏伟目标，需要军地双方齐心协力，既注重军事效益，又注重经济效益；既注重当前，又注重长远；既注重民用，又注重军用；既注重国家主导，又注重发挥市场作用；既注重整体推进，又注重重点突破，最大限度地调动起一切可以调动的资源，一切可以调动的积极因素，为实现我军建设的奋斗目标凝聚力量。

3. 以满足我军新型作战力量和保障力量建设为战略任务

习近平总书记在十九大报告中指出："军队是要准备打仗的，一切工作都必须坚持战斗力标准，向能打仗、打胜仗聚焦。"习近平总书记的这一重大战略思想，明确了新时代网信军民融合发展的聚焦点和着力点。应围绕统筹推进传统安全领域和新型安全领域军事斗争准备需要，推进网信领域军民融合发展。新时代，我们面临着传统安全威胁与非传统安全威胁相互交织，现实安全威胁与潜在安全威胁相互交织，周边安全环境不稳定不确定因素增多，国际安全问题与国内安全问题相互影响等诸多挑战，并对我军战斗力建设提出了更高的要求。网信军民融合发展，必须根据我军面对的这些挑战，提高打赢能力的要求，以满足我军有效维护传统安全领域和新型安全领域的需求作为重点来保障。应围绕发展新型作战力量和保障力量建设，推进网信军民融合发展。加强新型作战力量和保障力量建设，是习近平总书记根据我军的实际，结合现代作战样式和现代军队建设变化趋势，提高我军能打仗、打胜仗能力而作出的重大战略决策。在新型作战力量和保障力量建设过程中，必然会对网信军民融合发展形成巨大的需求。这既是网信军民融合发展的难得机遇，也是网信军民融合发展必须完成的重大战略任务。因此，网信军民融合发展必须把满足我军新型作战力量和保障力量建设需要作为战略任务，完成好、落实好。应围绕提高基于网络信息体系的联合作战能力、全域作战能力，推进网信军民融合发展。基于网络信息体系的联合作战能力，其基础是有效联合的网络信息体系建设。全域作战能力既包括陆海空天电等领域的作战能力，也包括国内和国外作战能力。这些能力的提高，都离不开有效的信息支撑和保障。因此，网信领域的军民融合发展，应切实围绕提高我军基于网络信息的体系作战能力和全域作战能力，推进技术创新、产品创新和服务创新，为我军提高基于网络信息体系的联合作战能力和全域作战能力提供有效的设施、装备、技术和服务保障。

（三）运用科学思维方式，推进网信军民融合深度发展

思维方式是指人们思考问题和解决问题的根本方法，对人的行为方式有着重要的影响。新时代、新形势、新要求、新特点，要求我们在推进网信军民融合发展实践中，必须解放思想，转变观念，善于运用科学的思维方式，筹划开展工作。

1. 运用辩证思维分析网信军民融合全局

辩证思维是指以联系的、发展的和变化的视角认识事物发展规

律，推动事物发展的一种思维方式。网信军民融合涉及军地双方，涵盖经济社会发展和国防军队建设的方方面面，又是发展变化最快的领域，客观上要求推进网信军民融合发展必须运用辩证思维来分析网信军民融合全局。运用辩证思维分析网信军民融合全局，就是要用联系的观点研究网信军民融合发展，搞清楚网信军民融合领域各系统、各要素之间的相互联系和相互影响。运用辩证思维分析网信军民融合全局，就是要用发展变化的观点研究网信军民融合发展，注重把握国家安全的新变化、国防军队建设的新要求、网信领域技术发展的新趋势，让网信军民融合发展永远走在军民融合发展的前列。

2. 运用系统思维优化网信军民融合路径

系统思维是把认识对象作为一个系统，从系统和要素、要素和要素、系统和环境的相互联系、相互作用中，综合地考察认识对象的一种思维方式。网信军民融合既是国家军民融合大系统中的有机组成部分，自身又是一个复杂的系统，客观上要求我们必须运用系统思维方式，谋划网信军民融合发展。运用系统思维方式谋划网信军民融合发展，就是要注重把握网信领域军民融合与国家军民融合发展之间的相互联系，把握军队网信系统建设与地方网信系统建设的相互联系，把握国内网信系统建设与国际网信系统建设发展趋势的关系，把握网信系统内部各个要素建设的关系，用联系性、立体性、动态性和综合性的视角研究问题、谋划发展。

3. 运用创新思维激活网信军民融合动力

创新是一个国家、一个民族进步的灵魂，也是网信军民融合发展的灵魂。在网信军民融合中运用创新思维，就是要统筹考虑建设世界一流人民军队和战斗力提升对网信军民融合创新发展的新要求，全面深化国防和军队改革对网信军民融合创新发展的新要求，以及和平时期军事力量运用对网信军民融合创新发展的新要求，推动网信军民融合创新发展。在网信军民融合中运用创新思维，还必须在搞清楚新时代制约网信军民融合发展的主要矛盾和问题的基础上，创新网信军民融合的组织管理体系、工作运行体系和政策制度体系。在网信军民融合中运用创新思维，还必须加快建立网信军民融合技术创新体系，牢固树立科技是核心战斗力的思想，坚持向科技创新要战斗力，推进重大技术创新、自主创新，为网信军民融合发展提供强大的科技支撑。

4. 运用前瞻思维预见网信军民融合发展

前瞻性思维本质上是在深入调查研究，统筹兼顾当前与长远、现实与未来基础上的一种超前预见、超前谋划、超前决断的思维方式。运用前瞻思维预见网信军民融合全局，是对网信军民融合的形势、态势和趋势的理解和把握，是对网信军民融合“时与势”“安与危”的清醒洞察和深谋远虑。运用前瞻思维预见网信军民融合全局，就是要根据影响网信军民融合发展的各类因素的因果关系，比照以往事物的发展结果，预测未来网信军民融合发展的趋势和结果，并根据预测，及时采取各种科学的决策，保证网信军民融合能够跟上时代发展的步伐，跟上实践发展的需要。

二、新动力：我国社会主要矛盾变化后网信军民融合发展的路径选择

习近平总书记在党的十九大报告中指出，中国特色社会主义进入新时代，社会主要矛盾已经转化为人民日益增长的美好生活需要和不平衡不充分的发展之间的矛盾。推进网信军民融合，必须

在新的时代坐标系下思考和谋划。

（一）网信技术高速发展客观上促进了我国社会主要矛盾转化

从 1981 年十一届六中全会提出“社会主义初级阶段主要矛盾”至今，已经有 36 年时间。这期间，人类社会发生了深刻变化，由后工业化时代逐步进入网络信息时代；我国社会也发生了深刻变化，从信息技术后进国家逐步实现从跟跑到并跑领跑的历史性跨越，从信息网络的萌发期、爆发期逐步走向健康发展期。时代变化是社会矛盾转化的客观前提，网络信息技术发展是这一转化的重要因素之一。

1. 网信技术加快了我国现代化发展进程

改革开放以来，尤其是党的十八大以来，我国的经济实力、科技实力、国防实力、综合国力迅速进入世界前列，这为社会矛盾转化提供了强大的物质基础。回顾走过的路，我国数字经济规模已经成为世界第一，我国在高性能计算、先进通信技术、网络安全防御等技术领域已经或正在实现“弯道超车”，军队信息化和新质作战能力正在逐步形成，中国主导的网络空间人类命运共同体理念得到广泛认同，网络信息技术已经成为推动我国社会进步的强劲动力和核心要素。

2. 网信技术建构了人民美好生活新内涵

新时代人民对生活的追求，已不仅仅限定于“温饱”，而是更加多元，需要更好的教育、更稳定的工作、更满意的收入、更可靠的社会保障、更高水平的医疗卫生服务、更舒适的居住条件、更优美的环境、更丰富的精神文化生活。这些“更加美好”的出现，几乎都来自于网络信息技术带来的人们生产生活方式的变化，可以说信息网络对于人民美好生活的向往是一种全新的诠释和加持，更加快捷、安全的信息网络，加快了人们美好生活内涵与外延的不断“刷屏”速度。

3. 网信技术平滑了社会矛盾转化期

网络是一把“双刃剑”，用得好，社会矛盾就会平滑演进；用得不好，社会矛盾就会激化爆发，中东、北非的“颜色革命”就是真实写照，“数字鸿沟”“网络霸权”“信息制衡”最终导致国家和人民的巨大灾难。党的十八大以来，习近平总书记高度重视网信工作，强力推进网络空间治理能力变革，彻底扭转了被动局面，牢牢掌握了网络发展的主动权，网络信息技术成为经济发展进入新常态的新动力，成为更好造福人民的新空间，为新时代网信工作发展奠定了坚实基础。

（二）网信事业发展须主动适应社会主要矛盾变化的时代要求

人民对美好生活的向往，就是我们奋斗的方向，这是以习近平同志为核心的党中央对全国人民的庄严承诺。我国网信事业的发展目标，归根结底就是让信息网络更好地造福人民。我国社会主要矛盾发生历史性转变，中国特色社会主义进入新时代，网信事业必须坚持以人民为中心的发展原则。

1. 网信事业提升人民的获得感

所谓获得感，就是实实在在得到的东西，任何美好的生活，得到才是硬道理。十九大报告提出要建设科技强国、质量强国、航天强国、网络强国、交通强国、数字中国、智慧社会，落实到网信领域，就是要认真思考如何让人民的生活更加便利、如何让人民的综合体验更加舒适、如何让人民的数字消费更加划算、如何让人民的交流更加流畅、如何让人民获得更多美好需求的途径更加广泛、如何让时间空间不再成为影响“发展不平衡和不平衡壁垒”等一系列新的课题，解决这些问题就是技术创新、产业创新的方向。

2. 网信事业增强人民的幸福感

幸福更加偏重于精神层面，网络社会的发展以信息传递的扁平化打破了社会管理的层级化，人们在精神层次的追求更加丰富，对幸福的要求更高。十九大报告指出，要“不断推进国家治理体系和治理能力现代化”。要营造清朗的网络空间、要提高中国文化软实力，落实到网信领域，就是要认真思考如何用信息化手段感知社会态势、畅通交流渠道、辅助科学决策，如何让网上网下形成同心圆、奋斗中国梦，如何利用网络滋养人心、滋养社会，如何做到正能量充沛、主旋律高扬，这些新的课题，需要从技术、管理、社会工程学等不同维度去研究。

3. 网信事业保障人民的安全感

据有关研究表明，当前我国公民最大的不安全感来自于网络。网络空间不法行为蔓延的势头虽然得到有效遏制，但是根本性问题远远没有解决。人民有安全感，才能有幸福感、获得感，安全感是底线、硬标准。对于网信工作，就是要把更多的注意力向安全领域聚焦，认真思考在经济全球化、贸易便利化的大背景下如何捍卫国家网络空间安全，如何有效应对日益严峻的非传统安全挑战，如何把国家大安全和人民群众身边的“微安全”有机统一起来、为人民提供更直接有效的安全保护，如何提升军事网络信息体系的内生安全能力等新课题，网信领域必须率先走出维护国家安全、保卫人民生活安全的新路子。

（三）网信军民融合应为解决新时代我国社会主要矛盾做出示范性贡献

习近平总书记指出，网信事业代表着新的生产力、新的发展方向，应该也能够在践行新发展理念上先行一步。军民融合发展是新发展理念的题中应有之意，是协调发展的重要内容。网信军民融合作为网信领域的先发之地、重中之重，必须坚持发展和安全兼顾、富国和强军统一，让网信事业发展更好地服务国家安全和发展全局，更好地造福广大人民。

1. 自上而下顶推体制创新

党的十八大以来，党和国家相继成立了中央网络安全和信息化领导小组、中央军民融合发展委员会，正在逐步构建网信军民融合领域统一领导、军地协调、顺畅高效的组织管理体制。当前，就是发挥好党总揽全局、协调各方的作用，发挥社会主义制度集中力量办大事的优势，在网信领域率先破除军民“二元分离”“多头提需求、分散搞对接”、信息“孤岛”、技术“藩篱”、人才“画地为牢”等沉疴顽疾，率先形成国家主导、需求牵引、市场运作的工作运行体系，迅速将自上而下的体制优势转化为自下而上的行动优势，形成信息强军和网络强国两大发展战略双向拉动、同步发展、互为支撑的良性态势。

2. 以点带面驱动模式创新

网信军民融合是一个新鲜事物，在新起点上推进新发展，需要一个集中汇聚的爆发点。孕育和形成这个爆发点客观上需要两个重要载体，一个是动员社会力量参与的组织载体，使之成为网信融合的一面旗帜、军民融合的一个桥梁、政企融合的一个平台、架构融合的一个样板；另一个是培育新发展模式的实践载体，需要打造一个具有相对宽松政策机制、多元灵活退出机制、区域或地缘优势明显、敢于包容和宽容失败的网信领域国防科技创新特区，以信息流带动技术流、资金流、人才流、物资流在军民融合重要领域高效、协同、安全转换，在实践中加快改革向纵深发展。

3. 压茬推进加快制度创新

现阶段，制度创新要采用“两步并作一步走”的方式加快推进，一方面要注重各项制度的“废、改、立”工作，解决制度的适用性、合理性问题，让制度建设先行一步；另一方面，要做好各项制度的衔接、优化、配套工作，解决制度的协调性、连贯性问题，在集成创新、形成综合体系优势上下功夫。在立法修法层面，要加快综合性法律法规的立法进程，在网信领域专业法律法规中补充完善军民融合的内容；在标准设立层面，要统一修订、综合考量网信领域的国家标准、行业标准、企事业标准、地方标准和军用标准；在配套制度层面，统合完善与网信军民融合密切相关的财政政策、税收政策、金融政策、知识产权保护政策、价格形成政策、投资融资政策、人力资源和社会保障政策，增强军民融合的内在动力和竞争力。

4. 压强突破带动技术创新

党的十九大报告指出，要突出关键共性技术、前沿引领技术、现代工程技术、颠覆性技术创新，这为网信领域技术创新指明了发展方向。综合当前和一段时间军民两大需求和技术发展趋势，网信技术创新可以围绕“促发展、强安全、求颠覆”的思路进行推进。在促发展方面，可以在太空网络技术上先行谋篇布局，迅速形成服务国家信息化建设和支撑“一带一路”建设的能力。在强安全方面，要以发展改变游戏规则的革命性防御技术为先导，形成“善守者，敌不知其所攻”的网络空间积极防御态势，以创新思路扭转攻守失衡、塑造战略均势，以“构造决定安全”的鲁棒性技术抑制针对目标对象漏洞后门等的不确定扰动影响。在求颠覆方面，高度关注人工智能、拟态构造和大数据技术的有效结合，力争形成新的技术爆发点。

5. 不拘一格促进人才创新

人才是第一资源。网络空间打的不是“人海战略”，而是“人尖战略”，不但要求一定的人才存量，更要求人才的“创新智商”“创新情商”“创新毅力”。要建立特殊的评价制度、薪酬制度、军地流转制度、利益分配制度，打破体制对人才的禁锢，让人才流动起来，让人的积极性、创造性活跃起来，形成聚天下英才而用之的军民融合新格局，要采用更加有效的军地协同措施，发现、选拔、培育领军帅才和攻坚克难将才，打破江湖门派、论资排辈、“补水追肥”的固有套路，探索建立“揭榜挂帅”的人才竞争模式，让前瞻性军事需求引领创新方向、让有思想者来提出问题，让千千万万的企业和“敢作为、愿作为、能作为”的社会英才来登台打擂、担当创新先锋官，在实战、实践中吸引、选拔、考验、锻炼人才，让人才发展为网信军民融合事业提供源源不断的动力。

三、新方法：网信军民融合成为中国特色社会主义建设的重要支撑

加快推动网络安全和信息化军民融合深度发展，是聚焦网络强国和军民融合两大战略的共振效应，着眼新时代强国强军目标，实现网信领域军民一体、良性互动、协调发展的重要驱动力量，

是新时代事关国家安全和发展全局的重要课题。党的十八大以来，以习近平同志为核心的党中央审时度势、高瞻远瞩，擘画网络强国的宏伟蓝图，开启军民融合的时代篇章，为推进网信军民融合深度发展提供了基本遵循。

（一）高瞻远瞩、顺势应时，向网络强国的目标奋勇前进

“现在人类已经进入互联网时代这样一个历史阶段，这是一个世界潮流，而且这个互联网时代对人类的生活、生产、生产力的发展都具有很大的进步推动作用。”2012 年 12 月 7 日，党的十八大闭幕不到一个月，习近平总书记在深圳考察时作出了这样的论断。

2015 年 12 月 16 日，习近平总书记在第二届世界互联网大会上发表演讲，提出全球互联网发展治理的“四项原则”“五点主张”，倡导尊重网络主权、构建网络空间命运共同体。以人类共同发展进步为依归的理念、情怀与智慧，彰显出中国在互联网全球治理体系变革中的自信、格局与担当。党的十八大以来，在互联网建设、发展、治理中的“中国主张”“中国方案”越来越受到全世界范围内的高度评价和广泛赞誉。

2014 年，中国网信事业发展进入第 20 个年头。当年 2 月，中央网络安全和信息化领导小组成立，习近平总书记担任组长。

“没有网络安全就没有国家安全，没有信息化就没有现代化。”“网络安全和信息化是事关国家安全和国家发展、事关广大人民群众工作生活的重大战略问题，要从国际国内大势出发，总体布局，统筹各方，创新发展，努力把我国建设成为网络强国。”习近平总书记坚定的话语拉开了我国网信事业深化改革的大幕。

2016 年 4 月 19 日，习近平总书记主持召开网络安全和信息化工作座谈会。一系列深刻精辟的论断，一整套着眼长远的布局，

成为建设网络强国的行动指南：

——建设网络强国，必须以人民为中心。“网信事业要发展，必须贯彻以人民为中心的发展思想。”“要适应人民期待和需求，加快信息化服务普及，降低应用成本，为老百姓提供用得上、用得起、用得好的信息服务，让亿万人民在共享互联网发展成果上有更多获得感。”

——建设网络强国，要培育风清气正的网络生态。“建设网络良好生态，发挥网络引导舆论、反映民意的作用。”“我们要本着对社会负责、对人民负责的态度，依法加强网络空间治理，加强网络内容建设……”

——建设网络强国，核心技术是关键。“我们要掌握我国互联网发展主动权，保障互联网安全、国家安全，就必须突破核心技术这个难题，争取在某些领域、某些方面实现‘弯道超车’。”

——建设网络强国，网络安全是前提。“网络安全和信息化是相辅相成的。安全是发展的前提，发展是安全的保障，安全和发展要同步推进。”“面对复杂严峻的网络安全形势，我们要保持清醒头脑，各方面齐抓共管，切实维护网络安全。”

——建设网络强国，互联网企业要增强使命感、责任感。“办网站的不能一味追求点击率，开网店的要防范假冒伪劣，做社交平台的不能成为谣言扩散器，做搜索的不能仅以给钱的多少作为排位的标准。”

——建设网络强国，要聚天下英才而用之。“网络空间的竞争，归根结底是人才竞争。建设网络强国，没有一支优秀的人才队伍，没有人才创造力迸发、活力涌流，是难以成功的。”“互联网主要是年轻人的事业，要不拘一格降人才。要解放思想，慧眼识才，爱才惜才。”

党的十八大以来，以习近平同志为核心的党中央，敏锐把握信息时代脉搏，高瞻远瞩、顺应大势，形成了一整套推进我国网信事业发展和互联网治理的新理念新思想新战略，为网信事业大发展提供了根本遵循，为网络强国建设指明了前进方向。

（二）系统谋划、重点突破，加快形成军民融合深度发展格局

党的十八大以来，习近平总书记着眼于实现强军梦、中国梦，鲜明地提出了军民深度融合的时代命题，搭建起军民深度融合的“四梁八柱”。2015 年 3 月，习近平总书记在出席十二届全国人大三次会议解放军代表团全体会议时首次把军民融合发展上升为国家战略，开创了军民融合式发展的新局面。

2017 年 6 月，习近平总书记在主持召开中央军民融合发展委员会第一次全体会议时强调，把军民融合发展上升为国家战略，是我们长期探索经济建设和国防建设协调发展规律的重大成果，是从国家发展和安全全局出发作出的重大决策，是应对复杂安全威胁、赢得国家战略优势的重大举措。习近平总书记用三个“重大”指明，军民融合上升为国家战略，关乎国家安全和发展全局，既是兴国之举，又是强军之策。

习近平总书记强调，各有关方面一定要抓住机遇，开拓思路，在“统”字上下功夫，在“融”字上做文章，在“新”字上求突破，在“深”字上见实效，把军民融合搞得更好一些、更快一些。“统、融、新、深”，是习近平总书记为军民融合发展开出的四剂药方，同时也标志着军民融合战略思路的成熟。

习近平总书记强调，在中央层面加强对军民融合发展集中统一领导。要以机制和政策制度改革为抓手，坚决拆壁垒、破坚冰、去门槛，破除制度藩篱和利益羁绊，构建系统完备的科技军民融合政策制度体系。

习近平总书记指出，推动军民融合深度发展，必须向重点领域

聚焦用力，以点带面推动整体水平提升。基础设施建设和国防科技工业、武器装备采购、人才培养、军队保障社会化、国防动员等领域军民融合潜力巨大，要强化资源整合力度，盘活用好存量资源，优化配置增量资源，发挥军民融合深度发展的最大效益。海洋、太空、网络空间、生物、新能源等领域军民共用性强，要在筹划设计、组织实施、成果使用全过程贯彻军民融合理念和要求，抓紧解决好突出问题，加快形成多维一体、协同推进、跨越发展的新兴领域军民融合发展格局。

2017 年 9 月，习近平总书记在主持召开中央军民融合发展委员会第二次全体会议时强调，推动军民融合发展是一个系统工程，要善于运用系统科学、系统思维、系统方法研究解决问题，既要加强顶层设计又要坚持重点突破，既要抓好当前又要谋好长远，强化需求对接，强化改革创新，强化资源整合，向重点领域聚焦用力，以点带面推动整体水平提升，加快形成全要素、多领域、高效益的军民融合深度发展格局。

（三）党的十九大绘就新时代网信军民融合深度发展新蓝图

网信技术具有极强的基础支撑、渗透辐射和军民通用特性，网信领域协调发展是经济、政治、文化、社会、军事各领域整体协调发展的桥梁和纽带。网信技术与实体经济深度融合发展是转变经济发展方式、调整经济结构、建设创新型国家的重要基础。十九大报告对网络强国、数字中国、智慧社会、信息强军、军民融合等作出了全面战略部署。

习近平总书记提出，要加快建设创新型国家，加强应用基础研究，拓展实施国家重大科技项目，突出关键共性技术、前沿引领技术、现代工程技术、颠覆性技术创新，为建设科技强国、质量强国、航天强国、网络强国、交通强国、数字中国、智慧社会提供有力支撑。

在建设现代化经济体系，深化供给侧结构性改革方面，习近平总书记强调要加快建设制造强国，加快发展先进制造业，推动互联网、大数据、人工智能和实体经济深度融合，在中高端消费、创新引领、绿色低碳、共享经济、现代供应链、人力资本服务等领域培育新增长点、形成新动能。还要加强水利、铁路、公路、水运、航空、管道、电网、信息、物流等基础设施网络建设。

在意识形态工作方面，习近平总书记提出要加强互联网内容建设，建立网络综合治理体系，营造清朗的网络空间。还要善于运用互联网技术和信息化手段开展工作，增强改革创新本领和执政本领。同时，要注重网络安全等非传统安全威胁持续蔓延所面临的挑战。

在走中国特色强军之路，全面推进国防和军队现代化方面，习近平总书记指出要扎实做好各战略方向军事斗争准备，统筹推进传统安全领域和新型安全领域军事斗争准备，发展新型作战力量和保障力量，开展实战化军事训练，加强军事力量运用，加快军事智能化发展，提高基于网络信息体系的联合作战能力、全域作战能力，有效塑造态势、管控危机、遏制战争、打赢战争。

同时，十九大报告对军民融合工作进行部署，提出坚持富国和强军相统一，强化统一领导、顶层设计、改革创新和重大项目落实，深化国防科技工业改革，形成军民融合深度发展格局，构建一体化的国家战略体系和能力。完善国防动员体系，建设强大稳固的现代边海空防。

报告明确提出“更加注重军民融合”，将其确立为新时代党的强军思想的重要内容，实现党在新时代的强军目标的战略途径，成为新时代坚持和发展中国特色社会主义基本方略的一个重要组成部分。这是我们党着眼全面建成世界一流军队，向全党全军全国人民发出的庄严号令，完成这一重大历史任务，需要集民族之智、国家之力、军地之长和企业之能。

四、新格局：网络强国建设的格局、道义和力量

习近平总书记于2014年2月27日主持召开中央网络安全和信息化领导小组第一次会议，明确我国建设网络强国的总体目标，开创了我国从网络大国走向网络强国的新格局。在这个“举一网而牵全局”的伟大事业中，网络空间军民融合成为创新驱动、网络强国和军民融合等多个国家战略的共振带。习近平总书记指出，要把军民融合发展上升为国家战略，这是对国防建设和经济发展本质动力和时代特征的深刻把握。2016年7月21日，中共中央、国务院、中央军委印发了《关于经济建设和国防建设融合发展的意见》，着眼国家安全和发展战略全局，明确了新形势下军民融合发展的总体思路、重点任务和政策措施。这标志着网络空间军民融合即将进入高速发展的快车道，呈现出经济社会和国防建设协调发展的大格局。

（一）网络空间蕴含信息时代最具创新活力、革命意义的先进生产力、文化力和国防力

习近平总书记强调，当今世界，网络信息技术日新月异，全面融入社会生产生活，深刻改变着全球经济格局、利益格局和安全格局。世界主要国家都把互联网作为经济发展、技术创新的重点，把互联网作为谋求竞争新优势的战略方向。

1. 网络空间承载着先进的生产力

“棱镜门”事件折射出美国从软件系统到硬件设施完整的产业

链，在一定程度上说明网络空间铸就了人类社会经济发展的新引擎。世界正以网络空间为纽带，形成一个巨大的“经济共同体”。在这个网络经济空间中，基于互联网和大数据技术迸发出的新型生产力将为人类创造无穷的新资源、新财富和新空间。数据的复用性、信息的共享性，使大数据逐渐成为核心资源，新的生产力和生产方式已经出现。

2. 网络空间蕴藏着新质国防力

网络空间已经成为全新的作战领域，信息网络技术孕育了新型武器的发展，突出地体现在控制机制方面。如伊朗核设施遭受“震网”病毒攻击、乌克兰电力系统遭受网络攻击事件，均折射出利用网络资源和技术优势对整个世界的控制能力和巨大威胁。网络空间悄无声息地穿越传统国界，把整个世界前所未有地连接在一起。

3. 网络空间催生出新的文化力

当今社会，两股时代潮流交相辉映。一股潮流，是和平、发展、合作和共赢；还有一股潮流，是信息化、数字化和智能化；简而言之，就是网络化。斯诺登“棱镜门”折射的是一个国家、民族的道德水准和文化品质，“构建网络空间命运共同体”的“中国方案”蕴含5 000年中华文明底蕴，事关人类社会网络时代的新型文明。随着网络空间横空出世，它不再是实体空间的附属品，前所未有地拓展了人们生存的深度、宽度和广度，它是以新媒体、自媒体和网言网语等来表意的全新模式，充分利用碎片化传播，对网民尤其是青年一代产生巨大影响，进而形成中华文明复兴同世界潮流相交汇的契机，催生蕴含鲜明时代特征的网络文化，催生人类社会共同的精神乐园。

（二）网络空间军民融合基于网络强国建设的格局、道义和力量

网络空间军民融合核心目标是实现网络国防和网络经济的协调发展，全面提升蕴含于网络空间的新质生产力、文化力和国防力。在这个事关中华民族复兴的大棋局中，以习近平总书记为核心的新一届党中央，坚持国家治理体系和治理能力现代化的改革开放总目标，聚焦到网络空间，已经形成了网络强国建设的格局、道义和力量，形成了网络空间军民融合的战略指导和政策支撑。

1. 网络强国建设的格局是网络大国走向网络强国

2014 年 2 月 27 日，习近平总书记在中央网络安全和信息化领导小组第一次会议上特别强调“没有网络安全就没有国家安全，没有信息化就没有现代化”，明确了建设网络强国的目标。习近平总书记在讲话中强调，建设网络强国，要有自己的技术，有过硬的技术；要有丰富全面的信息服务，繁荣发展的网络文化；要有良好的信息基础设施，形成实力雄厚的信息经济；要有高素质的网络安全和信息化人才队伍；要积极开展双边、多边的互联网国际交流合作。以此支撑，形成网络安全和信息化一体之两翼、驱动之双轮，从网络大国走向网络强国的格局。在这个格局下推动网络空间军民融合，必然涵盖网络强国建设的核心技术、网络文化、人才队伍和国家合作多个方面。

2. 网络强国建设的道义是构建网络空间命运共同体

2015 年 12 月 16 日在第二届世界互联网大会上，习近平总书记发表演讲，强调网络空间是人类共同的活动空间，网络空间前途命运应由世界各国共同掌握。各国应该加强沟通、扩大共识和深化合作，共同构建网络空间命运共同体。习近平总书记提出了

“四项原则”（尊重网络主权、维护和平安全、促进开放合作和构建良好秩序）和“五大主张”（加快全球网络基础设施建设，促进互联互通；打造网上文化交流共享平台，促进交流互鉴；推动网络经济创新发展，促进共同繁荣；保障网络安全，促进有序发展；构建互联网治理体系，促进公平正义）的“中国方案”，得到了大多数国家的赞许，使我国站在全球互联网治理体系变革道义的制高点。在这个网络空间命运共同体中，我国通过军民融合的方式提升生产力、文化力和国防力，既为中国谋，也为世界谋，目的是让网络空间提升全国人民乃至世界人民的福祉。这是蕴含中华民族文明底蕴的至真道义。

3. 网络强国建设的力量是“打铁还要自身硬”

2016 年 4 月 19 日，在中央网络安全和信息化工作座谈会上，习近平总书记提出了六大问题，既有明确的问题又有具体的解决办法，只要我们执行有力，就一定可以把我国从网络大国建设成为网络强国。同年 10 月 9 日，习近平总书记将我国网络强国战略提升到综合施策的新高度，对网络强国建设提出了六个“加快”的要求：加快推进网络信息技术自主创新，加快数字经济对经济发展的推动，加快提高网络管理水平，加快增强网络空间安全防御能力，加快用网络信息技术推进社会治理，加快提升我国对网络空间的国际话语权和规则制定权，朝着建设网络强国目标不懈努力。综合两次讲话，核心是调整网络强国建设的“方向角”和“加速度”，吹响了网络空间军民融合的冲锋号。

（三）网络空间军民融合需发挥国家战略、军队需求和产业支撑的综合效应

在网络空间实施军民融合战略，要认清网络空间蕴含新质生产

力、文化力和国防力的时代特征，深入理解网络强国建设格局、道义和力量蕴含的治国理政新理念，全面推动网络国防建设和网络经济社会协调发展。同时，要清晰地看到，网络空间军民融合既是战略工程，又是创新工程；既要有战略思维，又要有法治思维，需要国家、军队、市场密切协作，共同发力，充分发挥国家战略、军队需求以及产业支撑“三位一体”的综合效应。

1. 建立健全问责机制，强化刚性约束和执行力

国家作为网络空间政策的主导者，以可行办法推动规划落实，要加强督导检查，建立问责机制，强化刚性约束和执行力。当前我国军民融合进入初步融合向深度融合的过渡阶段，尤其是网络空间军民融合发展，在思想观念、顶层统筹和法规机制等方面亟须突破。国家要在更大范围、更高层次和更深程度上使军地资源共享、能力对接和兼容发展，实现资源的最佳配置和充分利用，推动全要素、多领域和高效益的网络空间军民融合深度发展。

2. 以军队需求引领网络空间军民融合，将国防和军队建设融入经济社会发展体系

军队是国防建设的主体，要以务实的军事需求牵引网络空间军民融合战略，切实遵循国防经济规律和信息化条件下战斗力生成规律，自觉将国防和军队建设融入经济社会发展体系。同时，要充分关注网络空间的前沿技术，了解信息化战争的时代要求，主动清除军民融合的制度性障碍和操作性羁绊，把军队对网络安全与信息化产业的军事需求，切实转化为新型军事资源和新质战斗力。

3. 构建军民融合运行体系，促进网络安全与信息化产业向着现代化升级

网络安全与信息化产业是军民融合的物质基础，市场运作是发挥信息产业创新精神的机制保证，创新驱动是网络空间迅猛发展的基本动力。军民融合要发挥国家主导、军队主体和市场主为的综合作用，通过法规制度，构建国家主导、需求牵引和市场运作的深度融合运行体系，促进网络安全与信息化产业脱颖而出，并向现代化升级。

网络空间已经成为人类社会生存的全新领域，其共享、开放的本质更加体现出军民融合的必然趋势和巨大能量。作为世界第一人口大国和网民大国，我国网络空间军民融合发展既要准确把握网络空间蕴含先进生产力、文化力和国防力的内在规律，又必须立足我国国情基础之上，紧紧围绕治国理政理念，寻找国家战略彼此共鸣点，发挥共振效应，进而让我国从网络大国走上建设网络强国的快车道，成为网络空间和平发展的中流砥柱。

五、新起点："一法两战略"视角下的网信军民融合

十九大报告指出："经过长期努力，中国特色社会主义进入了新时代，这是我国发展新的历史方位。"新时代就是中国强起来的时代，就是实现中国梦强国梦的时代。网络强国是中国梦强国梦的重要内容，是新时代中国特色社会主义的重要组成部分。按照网络强国战略部署，我国采取了一系列重大战略举措。2016 年 12 月 27 日《国家网络空间安全战略》发布，2017 年 3 月 1 日《网络空间国际战略》发布，2017 年 6 月 1 日起《中华人民共和国网络安全法》（以下简称《网络安全法》）施行（见图 1 - 1），从顶层设计和基本规范方面，更加清晰了网络强国的轮廓架构，为推动网信事业发展，建设网络强国标定了重要航向，也成为新时代在更高起点谋划网信军民融合的重要基础。今后一个时期是我国网信军民融合发展的战略机遇期，也是网信军民融合由初步融合向

深度融合过渡、进而实现跨越发展的关键期。为深入贯彻落实十九大报告提出的“更加注重军民融合”“坚定实施军民融合发展战略”“形成军民融合深度发展格局”的战略部署与要求，有必要研究“一法两战略”对网信军民融合的法律支持、需求牵引和使命要求，以支持创新新时代网信军民融合方略，擘画网信军民融合美好愿景，加速网信军民融合向纵深推进。

图 1－1 《网络安全法》2017 年 6 月 1 日起正式实施

（一）《网络安全法》确立了网信军民融合的重要法律支持

十九大报告强调“坚持全面依法治国”，对加快网信军民融合立法进程提出了时代要求，必须依据我国相关基本法，尽快建立健全网信军民融合政策法规，推动网信军民融合事业在法治化轨道上快速前进。《网络安全法》是我国第一部全面规范网络空间安全管理方面问题的基础性、综合性法律，是我国网络安全的基本法，在支持网信军民融合事业全面推进、标准确立、人才培养、军民联防等方面，提供了一些基本的法律依据。

1.《网络安全法》为推进网信军民融合事业提供了基本的法律依据

《网络安全法》明确指出，国家坚持网络安全与信息化发展并重，遵循积极利用、科学发展、依法管理、确保安全的方针，推进网络基础设施建设和互联互通，鼓励网络技术创新和应用，支持培养网络安全人才，建立健全网络安全保障体系，提高网络安全保护能力；国家采取措施，监测、防御、处置来源于我国境内外的网络安全风险和威胁，保护关键信息基础设施免受攻击、侵入、干扰和破坏；国家建立网络安全监测预警和信息通报制度等。这些针对网络安全的总的规定，都确定了国家是维护和保障网络安全的主体。军队作为国家安全力量的重要组成部分，与国家其他网络安全力量共同构建国家网络安全保障体系，应对网络安全风险、威胁、攻击、破坏等，是符合《网络安全法》精神的。因此，《网络安全法》实际上确立了推进网信军民融合事业的法律依据，成为习近平总书记军民融合发展战略思想的法律体现之一。

2.《网络安全法》为网信军民融合的标准规范建设提供了基本的法律依据

构建统一的网络安全标准体系，是网信军民融合的重要内容，是加快推进网信军民融合事业的重要基础。《网络安全法》明确规定，国家建立和完善网络安全标准体系。这就确定了国家是建立和完善网络安全标准体系主体的地位，军队作为国家重要组成部分，参与相关标准体系建立，也就有了基本的法律依据。《网络安全法》还明确规定，国务院标准化行政主管部门和国务院其他有关部门根据各自的职责，组织制定并适时修订有关网络安全管理以及网络产品、服务和运行安全的国家标准、行业标准；国家支持企业、研究机构、高等学校、网络相关行业组织参与网络安全国家标准、行业标准的制定等。这些规定中，关于军队参与网络安全相关标准体系建设的职责没有明确，因此，也就提出了研究制定这一方面相关政策法规的需求。

3.《网络安全法》为网信军民融合的人才建设提供了基本的法律依据

依托地方院校教育，培养网络安全人才，是网信军民融合的重要内容。2016 年 4 月 19 日，习近平总书记在网络安全和信息化工作座谈会上指出，“网信领域可以先行先试，抓紧调研，制定吸引人才、培养人才、留住人才的办法”；“要采取特殊政策，建立适应网信特点的人事制度、薪酬制度，把优秀人才凝聚到技术部门、研究部门、管理部门中来。”《网络安全法》明确规定，国家支持企业和高等学校、职业学校等教育培训机构开展网络安全相关教育与培训，采取多种方式培养网络安全人才，促进网络安全人才交流。这些关于网络安全人才培养的规定，为贯彻习近平总书记重要指示精神，制定网络安全人才培养政策，提供了基本的法律依据。

4.《网络安全法》为军民合力维护网络安全提供了基本的法律依据

维护网络安全是全社会的共同责任，军民联防共守成为基本形式。《网络安全法》明确了政府各部门、网络运营者、网络产品和服务提供者等的责任义务，为创造网络空间军民携手联防的基础条件，提供了基本的法律依据。例如，《网络安全法》明确规定，网络运营者应当制定网络安全事件应急预案，及时处置系统漏洞、计算机病毒、网络攻击、网络侵入等安全风险；在发生危害网络安全的事件时，立即启动应急预案，采取相应的补救措施，并按照规定向有关主管部门报告；网络运营者应当履行安全保护义务，其中包括“法律、行政法规规定的其他义务”等。这些规定明确了网络运营者保护网络安全的具体法律责任，为开展军民网络安全防卫合作创造了条件；同时也为国家网络安全部门依据“法律、行政法规定的其他义务”从网络运营者那里获取网络安全威胁信息，提供了法律依据。

（二）《国家网络空间安全战略》提供了网信军民融合的重要需求牵引

十九大报告强调，“要完善国家安全战略和国家安全政策，坚决维护国家政治安全，统筹推进各项安全工作。”《国家网络空间安全战略》是国家网络安全战略的重要组成部分，是筹划和指导网络空间安全工作的总方略，其中在安全形势、安全目标、安全力量、安全行动、安全支撑等方面，为开展网信军民融合提供了重要的需求牵引，明确了网信军民融合的重要着力点。

1.《国家网络空间安全战略》明确了网络空间安全具有“新的大安全”特性，指出了网信军民融合成为维护网络空间安全的基本途径的必然要求

《国家网络空间安全战略》指出，网络渗透危害政治安全、网络攻击威胁经济安全、网络有害信息侵蚀文化安全、网络恐怖和违法犯罪破坏社会安全，网络空间的国际竞争方兴未艾，网络空间安全形势日益严峻。陆地、海洋、天空等实体空间发生战争，由于距离因素制约，战场往往局限在一定的边境范围，前方战火硝烟，后方歌舞升平情况也多有发生。但是，网络空间发生战争，

由于其广域渗透、光速抵达，各种行为主体在网络空间舞台亮相角力，战场范围极大拓展，任何单位和个人都可能纳入其中，任何一个节点的突破，都可能带来大面积网络瘫痪。因此，网络空间安全涉及了国家总体安全观的全部内容，国家安全、社会安全、基础设施安全、城市安全，甚至人身安全，交织在一起，呈现新的大安全的显著特征。维护网络空间安全，不能孤立地从信息系统或单纯网络的角度考虑，而应该是网络空间安全涉及的人员、技术、资源诸要素联动的军民携手联防行动，客观上要求把网信军民融合作为基本途径。

2.《国家网络空间安全战略》提出了清晰的网络空间安全目标任务，明确了网络空间安全方面军民融合事业的主攻方向

《国家网络空间安全战略》提出了“推进网络空间和平、安全、开放、合作、有序，维护国家主权、安全、利益”的战略目标，和“坚定捍卫网络空间主权、坚决维护国家安全、保护关键信息基础设施、加强网络文化建设、打击网络恐怖和违法犯罪、完善网络治理体系、夯实网络安全基础、提升网络空间防护能力、强化网络空间国际合作”的战略任务，强调“采取包括经济、行政、科技、法律、外交、军事等一切措施，坚定不移地维护我国网络空间主权”。从上述战略目标任务的内容构成看，实现网络空间和平、安全的目标，成为网络空间安全方面军民融合目标的主要指向，遂行捍卫网络空间主权、保护关键信息基础设施、提升网络空间防护能力，成为网络空间安全方面军民融合任务的主要指向；而《国家网络空间安全战略》提出的其他战略目标任务，则成为网络空间安全方面军民融合目标任务的辅助内容。总之，网络空间安全方面军民融合的主要指向，就是构建军民一体化的网络空间安全防卫战略体系和能力，有效控制网络空间军备竞赛等威胁国际和平的活动，有效防范网络空间冲突，保障网络和信息系统运行稳定可靠，捍卫网络空间主权和安全。由此，《国家网络空间安全战略》从顶层解决了网络空间安全方面军民融合事业的用力方向和强度问题，为开展相关网信军民融合工作提供遵循。

3.《国家网络空间安全战略》勾勒了网络空间安全体系架构，提供了网信军民融合的重要抓手

《国家网络空间安全战略》尽管没有把网络空间安全体系作为一个单独内容提出来，但实际上隐含地系统地提出了网络空间安全体系的构成，主要围绕捍卫网络空间主权、保护关键信息基础设施、强固网上思想文化阵地、加强网络空间安全治理、夯实网络空间安全基础、强化网络空间国际合作等方面，构建相对独立的多个综合安全力量体系。这些力量体系为网信军民融合提供了契机，其中两个综合安全力量体系成为突出抓手：一是网络安全防护力量体系，是指建设与我国国际地位相称、与网络强国相适应的网络空间防护力量体系，大力发展网络安全防御手段，及时发现和抵御网络入侵，铸造维护国家网络安全的坚强后盾。二是网络安全技术体系，主要包括聚焦核心技术突破，以企业为主体，产学研用相结合的技术研发体系；着眼规范网络空间行为，加强网络安全标准化和认证认可工作，建立健全国家网络安全技术标准体系。

（三）《网络空间国际合作战略》提出了网信军民融合的重大使命任务

十九大报告强调：“坚持和平发展道路，推动构建人类命运共同体。”网络空间命运共同体，是人类命运共同体的重要组成部分，也是构建人类命运共同体的重要前提条件。《网络空间国际合作战略》以和平发展、合作共赢为主题，以构建网络空间命运共同体为目标，全面宣示中国在网络空间相关国际问题上的政策立场，系统阐释中国开展网络领域对外工作的基本原则、战略目标和行动要点，是指导中国今后一个时期参与网络空间国际交流与合作的战略性文件。《网络空间国际合作战略》坚持以安全保发展，以发展促安全，提出了网信军民融合的重大使命任务。

1. 塑造安全与繁荣并举的网络空间国际态势

《网络空间国际合作战略》指出，网络空间给人类带来巨大机遇，同时也带来了不少新的课题和挑战。网络空间的安全与稳定成为攸关各国主权、安全和发展利益的全球关切，一个安全稳定繁荣的网络空间，对各国乃至世界都具有重大意义。由此，对全球网络空间建设提出安全发展并举的时代要求，必须保持数据经济健康发展、强劲发展，同时努力加强网络安全。为适应这一时代要求，在推进全球网络空间建设中，网信军民融合应把有效塑造安全稳定、繁荣发展的网络空间国际态势作为重要使命任务。

2. 保障网络空间国际合作扎实稳妥推进

《网络空间国际合作战略》指出，中国始终是世界和平的建设者、全球发展的贡献者、国际秩序的维护者，倡导和平、主权、共治、普惠作为网络空间国际交流与合作的基本原则，推动共同构建和平、安全、开放、合作、有序的网络空间，建立多边、民主、透明的全球互联网治理体系。这代表了网络空间国际交流与合作的中国方案，符合世界各国爱好和平发展的人民的愿望。落实方案、实现愿望，必须靠实力和技术。没有网络空间的数字经济实力和国防实力，中国推进网络空间国际合作的努力，就像在沙滩上建高楼。网信军民融合，必须立足国内、放眼世界，着力构建网络空间一体化的国家战略体系和能力，突出加强网络空间国防力量建设，才能有效维护国家网络空间主权、安全和发展利益，并为按照中国方案推进网络空间国际合作与交流提供坚强后盾。从这个意义上讲，保障网络空间国际合作按照中国方案扎实稳妥推进，成为网信军民融合的重要使命任务。

2015 年 12 月 16 日，习近平总书记在第二届世界互联网大会上提出："网络空间是人类共同的活动空间，网络空间前途命运应由世界各国共同掌握。各国应该加强沟通、扩大共识、深化合作，共同构建网络空间命运共同体。"这一重要思想成为《网络空间国际合作战略》的核心要义。《网络空间国际合作战略》指出，互联网让世界变成了"地球村"，各国在网络空间互联互通，利益交融，休戚与共，维护网络空间和平与安全，促进开放与合作，共同构建网络空间命运共同体，符合国际社会的共同利益，也是国际社会的共同责任。构建网络空间命运共同体，涉及网络空间建设发展的方方面面，其中，安全稳定、繁荣发展的网络空间是最基本依托。没有安全稳定，网络空间命运共同体就失去了保障；没有繁荣发展，网络空间命运共同体就失去了动力。网信军民融合，以网络空间安全需求牵引数字经济发展，以数字经济发展增强网络空间安全保障，成为构建网络空间命运共同体的基础内容，具有特殊价值、特殊地位。因此，网信军民融合应担负起构建网络空间命运共同体的重要使命任务，在共同推动全球信息基础设施建设，铺就信息畅通之路的过程中，把网络空间安全与发展相统一。

六、新征程：激发"数字立国"格局下的军民融合之力

十九大胜利召开，习近平总书记的报告旗帜鲜明、高屋建瓴、

气势磅礴、激发斗志，标注了历史演进的新坐标，勾勒了国家强大的新蓝图，宣示了执政为民的新使命，阐释了治国方略的新思想，开启了民族复兴的新征程，中国特色社会主义进入新时代。在这个最具网络时代特征的新历史起点上，中国共产党始终把创造力作为重大的命题，习近平总书记亲自担纲网络空间和军民融合“一把手”工程，以“数字立国”的战略魄力和军民融合的科学路径，凝聚网络强国战略、大数据战略、军民融合战略、创新驱动战略的协同共振效应，让网信军民融合成为实现中华民族伟大复兴的战略部署。我们必须不忘初心、牢记使命，登高远望、居安思危，勇于变革、勇于创新，直面我国社会主要矛盾中蕴含的网络空间风险，让网信军民融合承载党的创造力、凝聚力、战斗力、领导力、号召力，以网信军民融合支撑进入新时代的伟大斗争、基于新理念的伟大工程、解决新矛盾的伟大事业和实现新目标的伟大梦想，激发出中华民族伟大复兴的不竭动力，汇聚成让网络空间成为人民福祉的磅礴伟力。

（一）创新力让中华民族从“站起来”走向“强起来”

十九大报告指出：“中国特色社会主义进入新时代，意味着近代以来久经磨难的中华民族迎来了从站起来、富起来到强起来的伟大飞跃，迎来了实现中华民族伟大复兴的光明前景。”这个光明前景，是几代共产党人前仆后继、创新发展的结果。回顾历史，马克思主义来到中国，直面“八国联军”火烧圆明园的积贫积弱，催生了毛泽东思想，建立了新中国。几场战争乃至“两弹一星”，筑牢了世界第二大经济体的安全基础；以万隆会议和平共处“五项原则”为倡导世界和平的核心理念，中国成为维护世界和平稳定的中坚力量。如今，互联网技术革命扑面而来，面对的是 IT“八大金刚”棱镜照射下的“网域裸奔”。危急时刻，“八大金刚”

带来的危害远远大于“八国联军”。中国亟待以 1949 年建立新中国的战略自信和魄力，开启“数字立国”的战略进程，实现网络强国的梦想，在新一轮科技革命中走向强大。塑造“数字立国”的大格局，已经是共产党人执政为民的历史演进。

数字化、网络化革命催生了“数字立国”的需求。20 世纪 90 年代爆发的第一次科技浪潮，改变了人们通信和获取信息的手段。个人和企业借助电脑和互联网享受到即时交换电子邮件、数据乃至思想的便利。而第二次科技浪潮所产生的影响将更加深远，不断发展的智能设备通过更迅速、更低价、更可靠的网络相互结合，展现给我们一个生存新空间、精神新家园和治理新领域。但我们面对的却是美思科“八大金刚”进入我“信息枢纽重地”如入无人之境的尴尬。坚持新时代新理念，解决新矛盾，实现新目标，都需要以势在必行、刻不容缓的全新精神姿态维护网络空间国家主权、安全和发展利益。

适应网络时代特征是共产党执政为民的历史责任。共产党人坚持和发展中国特色社会主义，就必须不断适应社会生产力发展调整生产关系的不变逻辑，始终认清社会基本矛盾在新的发展阶段的表现形式，大手笔谋划国际国内大局，大气魄治党治国治军，大力度推进改革发展稳定。与此同时，要清醒地认识到，现实社会的矛盾和问题以各种方式在网络空间激荡，网络空间又催生新的矛盾和问题，都需要我们创新激发网络空间新质生产力、文化力和国防力。网信军民融合是科学的实现路径，成为执政党适应时代特征的必然选择。

（二）号召力蕴含中华民族网络空间崛起的顶层设计

十九大报告指出：“使命呼唤担当，使命引领未来。我们要不负人民重托、无愧历史选择，在新时代中国特色社会主义的伟大实践中，以党的坚强领导和顽强奋斗，激励全体中华儿女不断奋进，凝聚起同心共筑中国梦的磅礴力量！”十九大的时代意义在于真正给出了中华民族复兴的时间表、路线图并付诸实践。在这个过程中，领袖人物对历史变迁的贡献居功至伟，习近平总书记号召建设网络强国和“数字中国”，明确中华民族依托网络空间伟大复兴的目标、方法和规划。十八届三中全会把国家治理体系和治理能力现代化作为改革开放的总目标，通过打造中国网络空间治理体系，推动全球互联网治理体系变革，可以为实现该目标提供支撑；十八届四中全会提出了实现这个目标的方法就是依法治国，落实到网络空间就是依法治网，《网络安全法》的出台，为构建国家网络空间法制体系打下了良好的基础；十八届五中全会则明确了《国民经济和社会发展第十三个五年规划》，其中网络强国战略、大数据战略、“互联网＋”行动计划，第一次让国家“五年规划”打上了网络的烙印。

（三）中国智慧方案全面提升蕴含于网络空间的新质生产力、文化力、国防力

十九大报告指出：“中国特色社会主义进入新时代，意味着中国特色社会主义道路、理论、制度、文化不断发展，拓展了发展中国家走向现代化的途径，给世界上那些既希望加快发展又希望保持自身独立的国家和民族提供了全新选择，为解决人类问题贡献了中国智慧和中国方案。”这个智慧和方案，离不开网络空间这个生存新空间和精神新家园所蕴含的新质生产力、文化力和国防力。我们需要以“数字立国”的大格局，以扎根于中华民族数千年的文明底蕴和中国改革开放数十年的成功典范，以凝聚中国智慧、中国设计和中国自信的政治勇气，以驱动世界、互惠互利、共同发展的经济魅力，以对等制衡、爱好和平、维护正义的国防

力量，以博大精深、包容世界、温暖全球的中国文化，提升蕴含于网络空间的新质生产力、文化力和国防力，让网络空间这个全新的生存空间和精神家园成为人类社会的共同福祉。

一是提升网络空间承载的先进生产力。“棱镜门”折射出美国从软件系统到硬件设施完整的产业链，在一定程度上说明网络空间铸就了人类社会经济发展的新引擎。在这个网络经济空间中，基于互联网和大数据技术迸发出的新型生产力将为人类创造无穷的新资源、新财富和新空间。数据的复用性、信息的共享性，使大数据逐渐成为核心资源，新的生产力和生产方式已经出现。世界正以网络空间为纽带，形成一个巨大的“经济共同体”。

二是催生网络空间蕴含的新型文化力。网络空间已成为人类社会生产生活新空间，“棱镜门”折射的是“恰如当年美国荒蛮西部”一样“丛林法则”的现实，“构建网络空间命运共同体”的“中国方案”蕴含5 000年中华文明底蕴，事关人类社会网络时代的新型文明。网络空间不再是附属品，它前所未有地拓展了人们生存的深度、宽度和广度，它是以新媒体、自媒体和网言网语等来表意的全新模式，充分利用碎片化传播，对网民尤其是青年一代产生巨大影响，进而形成中华文明复兴同世界潮流相交汇的契机，催生蕴含鲜明时代特征的网络文化，催生人类社会共同的精神乐园。

三是激发网络空间蕴藏的新质国防力。网络空间悄无声息地穿越传统国界的限制，而且把整个世界前所未有地连接在一起，已经成为全新的作战领域，信息网络技术孕育了新型武器的发展，突出地体现在控制机制方面。伊朗核设施遭受“震网”病毒攻击、乌克兰电力系统遭受网络攻击事件，均折射出利用网络资源和技术优势对整个世界的控制能力和巨大威胁。美国133 支全球作战网络部队部署到位，网络空间军事化不可避免。因此，在伊朗释放

“震网”病毒，不亚于美国当年在广岛、长崎扔核弹，不仅让德黑兰的1 000多台离心机瘫痪，而且感染了大半个世界。网络攻击的波及面之大、危害性之深，可能让整个人类社会都承受恶果。

（四）网信军民融合激发数字经济社会和网络国防建设协调发展

十九大报告指出：“坚持富国和强军相统一，强化统一领导、顶层设计、改革创新和重大项目落实，深化国防科技工业改革，形成军民融合深度发展格局，构建一体化的国家战略体系和能力。”军民融合是中国革命取得胜利的重要法宝。无论是战争年代，还是建设时期，军民鱼水情成为从胜利走向胜利的不竭动力。网络时代的来临，我们面临前所未有的网络安全风险。习近平总书记发出“没有网络安全就没有国家安全”的战略警示。网络空间态势感知、网络防御和网络威慑成为国家战略体系和能力中不可或缺的有机组成。网络空间“基础设施军民复用”的天然属性，网络空间本身具有的通联性、标准化特征，网络技术具有的军民通用、普遍渗透特性，都有利于充分发挥网络技术、资源和基础设施的军民综合效益。

一是网络空间威胁促使军民融合守卫新疆域。当前，以网络空间博弈为突出标志，国内外形势正在发生深刻复杂变化，网络空间生产力、文化力和国防力竞争、渗透和对抗尤为激烈，军民融合激发潜力刻不容缓。当前，网络强国美国、以色列已经先行一步，正以军民融合的方式抢占网络空间战略高地。面对这场网络新时代的伟大斗争，我们必须高度重视网络空间“牵一网而促全局”的战略作用、“不战而屈人之兵”的慑战效果、“他山之石可以攻玉”的跨越借鉴加速网信军民融合深度发展，让网络空间成为军民融合的重点领域、突破领域和前沿领域。

二是国家战略筹划需要网信军民融合催生共振效应。网络强国战略，是践行新理念的伟大工程，军民融合发展上升为国家战略，这是对国防建设和经济发展本质动力和时代特征的深刻把握。2016 年 7 月 21 日，中共中央、国务院、中央军委印发了《关于经济建设和国防建设融合发展的意见》，着眼国家安全和发展战略全局，明确了新形势下军民融合发展的总体思路、重点任务和政策措施。网络空间聚集了网络强国战略、大数据战略、国家创新战略、军民融合战略，成为丰富融合形式、拓展融合范围、提升融合层次、加快军民融合深度发展的国家战略共振地带。

三是网络国防和数字经济协调发展需要军民融合的爆发点。2017 年 3 月 1 日，中国发布的《网络空间国际合作战略》在“六大战略目标”之首的“维护主权与安全”中，明确提出：“网络空间国防力量建设是中国国防和军队现代化建设的重要内容，遵循一贯的积极防御军事战略方针。中国将发挥军队在维护国家网络空间主权、安全和发展利益中的重要作用，加快网络空间力量建设，提高网络空间态势感知、网络防御、支援国家网络空间行动和参与国际合作的能力，遏控网络空间重大危机，保障国家网络安全，维护国家安全和社会稳定。”这是国际首次在战略文本中明确提出网络空间国防力量。尤其值得关注的是，在表述中，加快网络空间力量建设作为中国军民网络空间国防力量建设的“六大任务”之一，也作为提升“四个能力”的重要依托。军民融合深度发展的网络空间路径，将持续激发网络国防和数字经济协调发展力量。

（五）践行网络时代“伟大斗争、伟大工程、伟大事业、伟大梦想”，在更高起点聚力军民融合深度发展

十九大报告指出：“从十九大到二十大，是‘两个一百年’奋

斗目标的历史交汇期。我们既要全面建成小康社会、实现第一个百年奋斗目标，又要乘势而上开启全面建设社会主义现代化国家新征程，向第二个百年奋斗目标进军。”当前，改革开放已经进入精细化发展的新阶段，我们必须坚定网信事业定力，增强维护网络空间主权、安全和发展利益的勇气，站在更高起点凝聚力量，深化细化全局性、战略性、前瞻性的行动纲领，以新的精神状态和奋斗姿态，在网络空间和通过网络空间进行伟大斗争、建设伟大工程、推进伟大事业、实现伟大梦想，在网信军民融合领域切实践行十九大精神，让网信军民融合成为“两个一百年”奋斗目标历史交汇期的华彩乐章。

一是在聚焦网络强国建设“六大问题”和“六个加快”的基础上，加速军民融合深度发展。在今后相当长的时期内，网信军民融合必须以“六大问题”的解决和“六个加快”的落实为工作重点深度发展。

二是在“一法两战略”的新起点上，谋划军民融合深度发展。近一年来，《国家网络空间安全战略》《网络空间国际合作战略》公布，《网络安全法》实施，国家网络空间法制体系加速完善。网络强国建设完成标准战略配置，进入法制化的快车道。如何更高质量、更有效率、更加公平、更可持续地发展网信事业，形成全面发力、多点突破、纵深推进的崭新局面，依然面临将网络强国清晰的号召力，转变为万众一心的执行力瓶颈。国家网络安全宣传的重点，需要在拓展覆盖面的基础上，聚焦执行力提升，坚持政治标准、经济指标和文化素养的多重考核，切实推动国家网络安全水平整体跃升。

三是在军民融合领导小组习近平总书记两次讲话精神的基础上，全面推动网信军民融合深度发展。从十八届三中全会以来，党中央历次重要会议都明确向党内外、国内外宣示举什么旗、走什么路、以什么样的精神状态、担负什么样的历史使命、实现什么样的奋斗目标。这一切由伟大事业缘起，由伟大梦想牵引，由伟大斗争支撑，由伟大工程支撑。2017 年 6 月 20 日和 9 月 22 日，习近平总书记在军民融合第一、二次会议上发表重要讲话，强调军民融合发展上升为国家战略的重要性，指出军民融合深度发展的系统性，重视军民融合发展重点领域聚焦用力的紧迫性。习近平总书记的重要讲话，以及《中央军民融合发展委员会工作规则》《中央军民融合发展委员会办公室工作规则》《中央军民融合发展委员会近期工作要点》和《省（区、市）军民融合发展领导机构和工作机构设置的意见》的落实，都为开展网信军民融合深度发展提供了思想保障和制度保障。

参考文献

[1] 刘晋豫. 以党的十九大精神为指导，推进网信军民融合迈上新台阶 [J]. 网信军民融合，2017 (10).

[2] 游光荣，赵林榜. 军民科技融合发展：理论与实践 [M]. 北京：国防工业出版社，2017.

[3] 邬江兴. 我国社会主要矛盾变化后网信军民融合发展的路径选择 [J]. 网信军民融合，2017 (10).

[4] 秦安. 加速网信军民融合创新发展 [OL/DB]. 人民网，2017-04-27.

[5] 张黎. 对推进中国网络空间军民融合的思考 [J]. 中国信息安全，2016 (8).

[6] 秦安. 网络空间军民融合探析 [J]. 中国国情国力，2017 (1).

[7] 秦安. 激发“数字立国”格局下的军民融合之力 [J]. 网信军

民融合，2017（10）.
[8] 申荣．“一法两战略”视角下网信军民融合思考［J］．网信军民融合，2017（10）.
[9] 习近平主持召开军民融合发展委员会第一次全体会议［OL/DB］．新华网，2017-06-21.
[10] 习近平主持召开军民融合发展委员会第二次全体会议［OL/DB］．新华网，2017-09-22.
[11] 关于经济建设和国防建设融合发展的意见［OL/DB］．新华网，2016-07-21.
[12] 习近平．加快建立军民融合创新体系　为我军建设提供强大科技支撑［OL/DB］．新华网，2017-03-12.

第二部分

历 史 篇

回顾历史，新中国成立开始，20世纪50—70年代，国防科技工业初步建立，并逐步摸索“军民结合”发展模式；20世纪70年代至21世纪初，我国信息技术基础产业开始受制于人，在“军民一体化”发展过程中艰难转型，信息技术发展任重而道远，网络问题面临着前所未有的机遇和挑战；21世纪以来，互联网技术引领人类生活进入网络时代“快车道”，国防网络安全和信息化建设在“寓军于民”实践中取得了丰厚的积累；党的十七大至十九大期间，“军民融合”酝酿成熟并创新发展，我国网信基础实力不断增强。特别是十八大以来，军民融合逐步上升成为国家战略，网络安全和信息化作为军民融合发展战略的重要统筹方面关乎军民融合发展的程度和深度，网信时代崛起，为我国从网络大国转而迈向网络强国奠定了基础。

一、孕育："军民结合"模式探索中国防科技工业的起步

新中国成立之初，国防科技工业领导体制初步建立，我国开始探索国防科技工业的"军民结合"模式。尤其是军事电子技术作为国防科技的重要组成部分，从一开始就被列为发展重点，集中力量加强建设。

（一）建立国防科技工业领导体制

20 世纪 50 年代，国防科技工业领导体制大致经历了集中管理、支援战争和军民结合三个阶段。

一是集中管理阶段。1949 年 10 月，中央人民政府政务院重工业部成立（当时中央人民政府重工业部主管涉及钢铁、有色金属、机器、船舶、兵器、航空工业、化学和建筑材料工业等方面的工作），归口管理兵器工业。1950 年，中央人民政府政务院批准在重工业部设立电信工业局，负责组织生产并积极准备电子军工企业的调整工作，由军委直接负责全国的电信工业企业的领导。

二是支援战争阶段。抗美援朝战争期间，中央人民政府人民军事委员会于 1951 年 1 月批准成立中央军委兵工委员会（简称中央兵工委），负责保障抗美援朝战争军工生产，其办事机构及具体业务由重工业部兵器工业办公室负责。1953 年 3 月，电信工业局从原主管民用机械的一机部划归主管国防工业的二机部，从而使电子科技工业长期归口管理于国防工业部门。1953 年 7 月朝鲜战争结束后，鉴于二机部已统一管理国防工业，军委撤销了中央兵工委。

三是军民结合阶段。1956 年 2 月，毛泽东在听取二机部汇报

时指出："军事工业要学会民用生产本领，民用工业要学会军用生产本领。"之后中央明确了国防工业要实行平战结合、军民结合的方针。1957 年，二机部提出了"军民结合、平战结合、以军为主、寓军于民"的十六字方针。1958 年 2 月，一机部、二机部和电机制造工业部合并，既管民用机械工业，也负责国防工业，仍称一机部。20 世纪 60 年代初，国防工业从一机部分离，成立第三机械工业部（简称三机部），国防工委与三机部实现合署办公，开始尝试"军民结合"的国防工业发展模式。

（二）探索国防科技工业的"军民结合"

20 世纪 50 年代，随着国家建设逐渐步入正轨，毛泽东提出国防科技工业应坚持"军民结合，平战结合，以军为主，寓军于民"的发展思想。1956 年 4 月，毛泽东在《论十大关系》中强调：要"军民兼顾"，"只有经济建设发展得更快了，国防建设才能够有更大的进步"。1957 年初，中共中央和国务院提出，国防工业要贯彻"两重任务、两套本领、平战结合"，这标志着我党创建"军民融合发展"之路的理论源头。1957 年，在原来"军民兼顾"的基础上，制定了"平战结合、军民结合、以军为主、寓军于民"的具体方针，将"军民结合"作为实践的指导思想在国防工业领域进行部署决策。

从 20 世纪 50 年代的情况来看，我国"军民结合"战略方针在管理领导体制上的实践就是将国防工业体系纳入军队和政府行政管理体系内进行双重领导。新中国成立初期，重工业部成立电信工业局隶属政务院行政体系，但在生产建设方面则由军委通信部直接负责领导。而随后成立的一机部、二机部在体系上则呈现出对口管理、分工负责的特点。1958 年 3 月，国家把军工行业和机械制造业合并起来，重新组建一机部，实现了集中统一管理领导国防和民用工业技术建设。为了加强顶层统筹，继而又成立国防科委和国防工委，实现了在顶层统筹国防技术研究和工业基础建设。产业上以国防工业建设，尤其是尖端技术领域建设为主要抓手，实现了国防科技配套成型、体系完备的国防工业基础。在完善国防工业门类实现自力更生发展的同时，积极促进军用技术不断转化为民用生产能力，重点保证国家经济建设发展，初步进行了“军民结合”探索。

20 世纪 60 年代，中央审时度势对国防科技工业发展进行调整，从平和发展到备战准备，国防电子科技工业“以军为主”的局面逐步确立。受“文化大革命”影响，国防科技工业缓步前行，但电子科技领域仍然取得了一定的进步。

（三）领导管理体制的演变

“文革”期间，所有国防科技工业执行军事管制，体制管理混乱。“文革”结束前，重新恢复国防工办领导国防电子技术工业，并将原来抽离的各研究院重新划归国务院四机部领导。1960 年 9 月，中央决定成立国防工业第三机械工业部，下设 5 个管理局，其中十局负责管理无线电工业。为了贯彻军委“努力发展电子技术”的方针，加速军事无线电工业的发展，1962 年 12 月，罗瑞卿根据中共中央书记处意见，向周恩来、邓小平提出了《关于成立无线电工业部及有关问题的报告》，经中央批准，把原由三机部主管的无线电工业分出来，于 1963 年 2 月 8 日成立第四机械工业部（简称四机部）。1965 年 2 月国防部六、七、十院脱离军队建制，被分别合并到相应的第三、六、四机械工业部。合并后，国防科委不再负责领导各院研究工作，而是主抓全军科学技术发展的统筹规划，各专业领域的国防设计、生产和定型实现了“一条龙”，充分保证了国防科技工业的自行研发，打破了科研生产分割的局面，实现了专业领域自上而下的管理领导。

1967 年 3 月，中央决定成立国防工业军管小组，对国防科技工业六个部门实行军事管制，统一领导。1967 年 9 月，聂荣臻提出国防科技力量调整改组方案；同年 12 月，中央将原属国防工业部门及国防科委管理的科研单位改组为 18 个研究院。调整改组 12 个研究院，其中包括电子工程设计研究院；调整组建 6 个研究院，成立无线电电子器件元件研究院。1967 年 12 月，国务院、中央军委决定，从 1968 年 1 月 1 日起，国防工业部所属六、七、九、十院和精密机械科研院改由国防科委领导。1968 年 2 月，中央军委决定，国防部国防科学技术委员会改称中国人民解放军科学技术委员会。1969 年 8 月底，国务院和中央军委决定成立常规兵器、航空、造船和电讯工业领导小组，分别领导第三、四、五、六机械工业部以及兵器、航空、舰艇、电子等研究院和相应的试验基地、高等院校。同年 12 月 22 日，中共中央在军委办事组之下设立中央军委国防工业领导小组，统管航空、电子、兵器、造船 4 个领导小组。1970 年 6 月 7 日，中共中央决定，将 6 个机械工业部划归军队系统管辖，其中四机部划归总参谋部通信兵部管辖。这一格局延续到 1982 年国防科工委成立。

（四）电了技术在国防事业中的应用

以电子计算机技术为代表的电子技术产业在 20 世纪 60 年代开始蓬勃发展，我国在通信技术、电子基础产业和电子计算机技术方面发展喜人，其中第二代、第三代计算机的发展为我国计算机技术奠定了一定基础。在电子基础工业发展方面，1968 年，中央决定专门成立军用电子元器件研究院（十四院）负责相关研究。1968 年 4 月，李富春、李先念等提出，电子元器件主要应解决微型化和狠抓集成电路技术。1969 年初，周恩来进一步指示：四机部应集中力量抓新型半导体和高级电子管、元器件的研制。20 世纪 60 年代，我国先后研制成功触发管、硅平面晶体管、专用连接器、电线电缆等；20 世纪 70 年代，半导体集成电路、小型化元器件的发展和应用取得了明显成绩。在通信基础方面，在电子基础工业上实现自主可控后，我国通信基础工业也取得了长足进步。其中，半导体微波元器件的研制使得移动通信、卫星通信技术逐步形成了比较完备的产品体系。从 1972 年开始，中国科学院、四机部和成都电讯工程学院等单位开始进行光纤通信技术研究，至 1978 年春，第一根光缆在四机部第 23 所研究成功，至此，我国光纤通信建设正式拉开序幕。在国产电子计算机方面，从 20 世纪 60 年代开始，世界计算机技术加速发展，晶体管、集成电路的相继问世促成了第二代、第三代计算机的出现。国防电子科技工业部门于 1959 年在仿制成功苏联小型电子管通用计算机和大型电子管通用计算机的基础上，开始自行研发高性能大型电子管计算机。至 20 世纪 70 年代，我国开始研制第三代中小规模集成电路计算机。此外，为了配合计算机的使用，我国在研制第一代计算机时就开始研制相应的软件程序用于编写指令和标准子程序库。

二、嬗变："军民一体化"发展中信息技术产业的转型

改革开放以后，随着信息技术的发展，我国网络信息技术逐步从电子技术工业中剥离，呈现出主流态势。20 世纪 70 年代至 21 世纪初，进入"军民一体化"阶段。这一时期，我国国防信息工业体系转型适应，体制机制调整总体上按照"军民兼容""军民结合"战略指导，初步奠定了我国网络信息的基础环境，此期间既有成绩也有教训。

（一）“以经济建设为纲”推进管理体制改革

1978 年开始，“军民结合、平战结合、军品优先、以民养军”成为国防科技工业的指导方针，逐步形成了以市场经济为导向的电子信息技术管理体制模式。

一是国防科工委的组建。1977 年 11 月，中央军委决定成立国防科学技术装备委员会，对国防科技和国防工业实施统一领导。1982 年 5 月决定，以国防科委为基础，由国防科委、国防工办、中央军委科学技术装备委员会办公室合并组成中国人民解放军国防科学技术工业委员会，同时称中华人民共和国国防科学技术工业委员会（简称国防科工委）。国防科工委隶属中央军委建制，受中央军委、国务院双重领导，统管全军国防科学技术工业。

二是调整领导管理体制。1982 年 5 月 4 日，全国人大通过决议，将第二、三、四、五、七机械工业部更名为核工业部、航空工业部、电子工业部、兵器工业部、航天工业部。1988 年，国务院决定再次进行管理体制改革，机械委员会与电子工业部合并，成立机械电子工业部。1980 年 2 月，国务院、中央军委批准国防工办、国防科委和各工业部分别成立对应进出口公司，开展贸易交流。1989 年 5 月，经国务院批准，中国电子信息产业集团公司注册成立，这标志着我国信息产业实现商业化运作模式的开端。1993 年，国务院按照政企分开和精简、统一、效能的原则，决定撤销机械电子工业部，组建电子工业部。1998 年 3 月，组建了新的国防科工委；原邮电部和电子工业部合并组建信息产业部，负责军工电子的行业管理。

三是推动科研院所改革。从 1979 年开始，邓小平三次提出军队要搞合同制，订立合同要有数量、要有质量、要有进度、要有价格，各部门之间、企事业单位之间，也要订合同；军队和军工部门、公司之间，就是订货关系。1987 年，国防科技型号研制普遍采取合同制，确保了市场对资源配置的客观调节作用，规范了供求双方的权益关系，实现了权责分离。

（二）电子信息技术在国防建设实践中的得失

从 20 世纪 80 年代、90 年代开始，我国的计算机技术水平逐渐与世界发达国家拉开距离，尤其是在国防建设领域由领跑转而跟跑，甚至出现掉队现象，不得不发人深省。

一是基础工业逐步依赖进口。20 世纪 90 年代后，无论是军队还是地方都因国外产品的技术资金优势转而由自行研发转向引进采购，逐步在市场上丧失了主动权。尽管国家重点投资部分工程，但离形成产业链相距甚远。由于网络技术发展迅猛，依靠自身研发的周期长、经费投入大、投资立项管理混乱等实际问题不断涌现，因此以国外芯片和半导体弥补自身加工产业的步伐不断加快，进而延误了自身发展的最佳时期，信息技术工业基础逐渐沦为网络“殖民地”。

二是“军转民”存在机制漏洞。从企业实行“军转民”来看，核心是没有坚持好“小核心、大协作”。1982 年开始，由于市场经济条件下缺乏有效的应付，政府自主开放一部分领域，特别是电子技术产业领域，使得军转民后许多电子企业集聚向民用电子设备生产转型，但是由于大部分电子技术产业企业缺乏市场竞争力，与同等国外产品比较，无论在价格还是技术上均没有优势，大量产品都是低附加值的加工配套生产，在核心技术领域没有创新突破，形不成优势。

三是国防网络安全发展滞后。在国防网络安全方面，我国无论是军队还是地方起步都比较早，但长期无法实现核心领域突破。在认识到网络存在极大隐患的同时，国家集中力量开始研发自己的操作系统，但是瓶颈始终无法突破，加之这一时期重点关注实体安全，而忽视了对协议、软件等虚拟相关领域安全的重视，国防建设中的网络体系始终只重视对物理环境的构建和防护，低层次徘徊的问题比较严重。

（三）电子信息产业的艰难转型

进入新的历史时期后，国防经费投入逐年下降，由“五五”期间的4.7%下降至“七五”期间的1.6%，军品订货任务大幅下降，矛盾更为突出，国防科技工业尤其是电子信息产业转型迫在眉睫。在半导体产业方面，我国半导体工业在“文革”后总体呈现“起大早、赶晚集”的局面。20世纪80年代开始，经过大规模引进消化和重点建设，半导体产业已具备一定的规模和基础。但是在20世纪80年代后期停止了在通用电路方面的追赶，转而走向技术引进。由于改革开放后，市场竞争严峻，贸易进出口量大，整个半导体产业开始萎缩，综合水平较西方发达国家落后15到20年。20世纪90年代，我国半导体产业处于“以市场换技术”“以市场换资金”的两难境地。在信息基础产业方面，从20世纪80年代开始，由于通信发展的需要，我国开始引进国外大容量局用程控交换机和生产线，发达国家通信企业以技术和资金迅速占领我国市场。为了改变被动局面，我国开始着力发展通信基础产业，华为、中兴等公司开始逐步占有市场份额，基础产业国产化进程加快。在互联网产业方面，我国经历了一个由电子化到计算机化、再进入网络化的阶段。在竞争机制下，互联网产业逐步被分为四个层次：基础通信层、网络增值服务层、信息增值服务层和专项信息功能层。但由于基础操作系统基本运用 Windows 和 Linux，长期受制于人的局面从此开始。截至1999年，我国电子产品制造业产值年增长速度27%，实现总产值4 300亿元。

（四）网络安全问题的出现和发展

由于网络技术特性，人们逐渐意识到网络存在安全隐患。而对于刚刚加入互联网大家庭的中国，则面临着前所未有的机遇和挑战。

一是网络安全的初步规范。由于域名服务器和操作系统体系长期受外国把控，网络协议规则多由国外制定，这使得政府领导管理力量和科研技术力量从一开始就不得不关注网络空间安全的问题。国务院三次改组领导机构，由 1984 年电子振兴领导小组到 1986 年国家经济信息管理领导小组，再到 1993 年的国家经济信息化联席会议，实现了国家统筹网络安全的领导模式。民间先后于 1990 年成立中国信息协会、中国信息产业商会等社会团体。1994 年公安部颁布的《中华人民共和国计算机信息系统安全保护条例》，较为全面地从法规角度阐述了计算机信息系统安全的概念、内涵、管理、监督和责任。1996 年原国家经济信息化联席会议改为国务院信息化工作领导小组，1999 年后改为国家信息化工作领导小组，网络安全受重视程度进一步提升。

二是网络安全产业的困境。从 20 世纪 90 年代开始，外国厂商夺占网络关键基础设施市场。中国广阔的市场商机，吸引了很多国外厂商来华投资，我国网络安全国门洞开。由于核心技术领域始终保持国外引领的总体趋势，我国只能趋于硬件的配套生产和操作系统应用架构修改水平，尤其是在建立一批重点区域实行发展新战略后，中关村等产业园区基本上仍是硬件组装和软件配套应用老套路，安全产业困境始终无法摆脱。

三是网络安全领域的中国制造。1995 年，天融信的成立标志着我国的网络安全产业开始走自主研发的道路。此后又有东软安全、启明星辰、卫士通（1998 年成立，由中国电子科技集团公司第30所发起成立）等一大批网络安全公司相继成立。这些企业在20世纪90年代末形成了当时比较完备的信息安全防护框架。

三、发展："寓军于民"实践中网信技术产业的积累

2002年，党的十六大报告第一次提出："坚持寓军于民，建立健全竞争、评价、监督和激励机制，增强自主创新能力。"从此，我国网信技术产业进入"寓军于民"的坚实积累阶段。

（一）"寓军于民"实践中的网络信息管理体制机制

在"寓军于民"思想指导下，国防信息化领导管理体制机制调整趋于合理，国家引导"民参军"夯实国防信息化实力和领导信息安全的能力不断增强。国家信息化领导小组于2001年8月由中共中央、国务院重新组建而成。2008年7月，原信息产业部调整，工业和信息化部成立，实行垂直管理，推进了信息化和工业化融合。2001年以原信息产业部下属军工研究所为基础成立组建中国电子科技集团公司。军队在网络信息领导管理上，采取由总参谋部通信部总体牵头负责，各业务单位分管，军队直属科研院所论证研发，协调军工企业和民营企业参与生产的基本模式。

2003年，中央办公厅、国务院办公厅发布《国家信息化领导小组关于加强信息安全保障工作的意见》（中办〔2003〕27号），对信息安全保障工作进行了全面部署，并提出"推进信息产业安全发展"。2004年9月通过的《中共中央关于加强党的执政能力建设的决定》，首次将"信息安全"列入党代会文件。2006年发布的《2006—2020年国家信息化发展战略》中将建设国家信息安全保障体系作为战略重点，并强调"促进我国信息安全技术和产业自主发展"。

截至2009年，我国共投入4.3万亿元人民币建设互联网基础设施，中国网民人数占比达到3.84%，居世界第一位，互联网普及率达到28.9%，超过世界平均水平。2000年9月颁布的《中华人民共和国电信条例》和《互联网信息服务管理办法》为专门性法律，刑法修正案和《中华人民共和国著作权法》等在规范行为上列专章明确权责。2007年，国家出台《电子商务发展“十一五”规划》，明确提出2006年至2010年国家电子商务发展目标。2008年，配合《创业投资企业管理办法》出台相关指导意见，各地创业引导基金进入高潮，引导基金规模从2006年的25亿元增加到2008年的88.5亿元。

（二）市场经济条件下的网络信息技术产业不断拓展

在互联网产业方面，截至2017年年底，中国网民规模达到7.72亿人，与2016年相比增长5 374万人；互联网普及率达到54.3%，高于全球平均水平4.6个百分点。在整个产业结构中，基础服务业和信息服务业逐渐成为主流业务。2017年，我国规模以上互联网和相关服务企业（简称互联网企业）完成业务收入7 101亿元，比上年增长20.8%。信息服务业务方面，2017年信息服务收入规模达到6 469亿元，比上年增长31.3%，占互联网业务收入比重达91.1%。在信息服务收入中，电子商务平台收入2 312亿元，比上年增长39.7%。2017年，互联网企业完成互联网数据中心收入119亿元，比上年增长8.4%。在信息安全产业方面，我国信息安全产业规模自2012年的157.26亿元上升至2016年的341.72亿元，五年内平均复合增速达到24.41%。信息安全产业在政府引导、企业参与和用户认可的良性循环中稳步成长，本土企业实力逐步加强。安全产品结构日益丰富，产业链关键环节竞争力不断增强，缺乏技术创新、服务能力和独特商业应用模式的企业逐步被淘汰。在网络基础产业方面，2000 年 6 月，国家发布《软件产业和集成电路产业发展的若干政策》（国发 18 号文件），以上海和北京为中心的两个半导体产业集中区投资形势令人鼓舞。半导体尤其是集成电路芯片产业逐步实现自主研发，国产芯片技术水平迅速提升。国产数据库产业链市场份额提升至 8% 左右。

（三）网络安全的新发展

这一时期，网络安全领域斗争日趋显著，国家开始逐步认识到网络安全的重要性，并部署网络安全发展战略。

一是网络安全斗争日趋严峻。1999 年 5 月美国轰炸我驻南斯拉夫联盟大使馆和 2001 年 4 月中美南海撞机事件，大国政治博弈从现实空间延伸到网络空间，尤其后者引起的中美黑客大战，被美国媒体称之为“第一次网络世界大战”。中美被黑站点比例大约是 3∶1，这充分说明了中国网络安全技术的落后和网络安全力量的薄弱，以及中国网络空间安全面临的严峻形势。

二是国家强化网络安全治理。2000 年至 2002 年，我国发布 49 部网络安全法律法规，较 1996 年至 1999 年增长近 3.8 倍。2001 年 8 月 23 日，国家信息化领导小组重新组建，国务院总理担任组长。2000 年 4 月，国务院新闻办公室正式成立网络新闻宣传管理局，负责统筹协调全国互联网络新闻宣传工作。2001 年 8 月中国计算机网络应急处理协调中心（CNCERT/CC）成立，针对网络安全突发事件，在国家层面设立网络安全事件应急响应组织。据统计，截至 2002 年 2 月，国内主营和兼营的网络安全企业已超过 1 000 家。2000 年至 2002 年，中国电子商务协会、中国移动通信联合会、中国互联网协会、中国通信标准化协会先后成立，社会网络安全力量开始逐渐担当产业发展和管理的重要力量。

三是实施国家信息安全战略。2003 年 7 月，国家信息化领导小组出台了《关于加强信息安全保障工作的意见》(中办发〔2003〕27 号文件)，这是我国第一份从国家层面针对信息安全工作的里程碑式的重要文件。2005 年，国务院信息化工作办公室（以下简称国信办）又发布 2 号文件《国家信息安全战略报告》，在国家战略指引和政策扶植下，各地政府网络安全力量作用地位上升。2004 年 1 月 9 日，国家以网络与信息安全协调小组的名义召开了国家信息安全保障工作高峰会议，各部委、各省（区、市）的一或二把手参会，信息安全上升为“一把手”工程。

（四）国防网络信息技术产业在“寓军于民”实践中的积累

国防信息化的基础是国防信息的安全问题，作为支撑国防信息体系的核心，信息基础工业直接关系到国防信息化的成败。2000 年 6 月，国家发布国发第 18 号文件（即《软件产业和集成电路产业发展若干政策》），第一阶段投资 50 亿美元，致力于打造芯片产业生态圈，作为国家的重点项目实施整体攻关。与此同时，国防科技大学等军队单位与电子科技集团下属研究所共同协作攻克半导体、软件等基础信息产业的瓶颈问题。地方网络设备不断供应部队采购，一大批企业逐步成为军队的重要合作对象，承担了部队基础通信设施中核心路由、交换设备的生产定型和配套维护等任务。同时，部队院校和科研单位同地方企业科研院所合作紧密，基本上满足了部队需要。在网络安全领域，国家统筹全面领导网络安全工作，军队按照专业分工参与网络安全体系的认证，不断完善安全行为、标准体系，同时加大科研力度，加强与地方部门的合作，逐步形成了军地网络安全共同体。

四、腾飞：军民融合创新发展中网信时代的崛起

党的十七大以后，随着我国经济和科技实力的增强，开始不断回馈国防建设，“军民融合式发展”形成了网信发展的新格局。特别是党的十八大以来，军民融合逐步上升成为国家战略，网络安全和信息化作为军民融合发展战略的重要统筹方面关乎军民融合发展的程度和深度，迎来了网信时代的崛起，为我国从网络大国转而迈向网络强国奠定了基础。

（一）探索建立有利于网信军民融合发展的体制机制

在“军民融合式发展”的方针指导下，逐步探索有利于网信军民融合发展的体制机制，逐步形成了网信发展的新格局。2008年3月，组建工业和信息化部（简称工信部），具有里程碑意义。工信部成立后，整合原信息产业部电子管理部门，成立国家国防科技工业局（简称国家国防科工局），从国家层面形成了国防建设的统筹领导。2009年，国家出台《电子信息产业调整和振兴规划》，要将新型电子信息产品和相关服务培育成消费热点。2012年7月国务院发布《国务院关于大力推进信息化发展和切实保障信息安全的若干意见》，将信息安全提到与信息化发展的同等地位。截至2012年年底，国家发展改革委员会（以下简称发展改革委）“信息安全专项”共计投入30亿元，带动信息安全产业投资130亿元，涵盖产品、服务、应用及标准等领域。

2008年开始，国家保密局在全国范围内先后开展涉密计算机及移动存储介质保密检查等；同时，组织研发和配备保密技术防护专用系统，严格按照分级保护技术要求和管理规范，落实身份鉴别、访问控制、边界安全防护等技术防护措施。截至2011年，

中央和国家机关80%以上完成分级保护建设和整改。2002年全国信息安全标准化技术委员会（简称信安标委）成立以来，安全技术、安全机制、安全服务、安全管理、安全评估等领域的标准化技术工作不断完善。与此同时，中国先后成立信息安全测评机构9家，授权培训机构25家。2006年成立中国信息安全认证中心，并依据国家有关法律法规，负责实施信息安全认证工作，目前有认证机构15家。

（二）不断优化网信军民融合政策和产业环境

1. 主要政策

2006年2月，国务院印发实施《国家中长期科学和技术发展规划纲要（2006—2020年）》若干配套政策的通知，明确指出信息建设发展的方向；2007年1月，国务院办公厅转发《发展改革委等部门国家自主创新基础能力建设“十一五”规划的通知》，强调网络安全和信息化建设要作为自主创新的基础领域加以统筹；2011年12月，国务院印发《工业转型升级规划（2011—2015年)》，指出要在工业各领域实现信息化转型升级；2012年7月9日国务院印发《“十二五”国家战略性新兴产业发展规划》，明确将网络安全和信息化产业作为“十二五”发展的重点。2012年12月28日，《全国人民代表大会常务委员会关于加强网络信息保护的决定》公布，以法律形式保护公民个人信息安全。此外，军地部门先后颁布了《促进军民融合发展的指导意见》《国防科工局总装备部关于鼓励和引导民间资本进入国防科技工业领域的实施意见》《关于非公有制保密资格审查认证工作有关事项的通知》《“民参军”32项措施》等有关文件，不断规范地方企业参与军队信息化建设。

2. 产业环境

截至2017年12月，我国手机网民规模达7.53亿人，其中，智能手机网民规模达6.55亿人，在手机网民中占比达86.98%，成为我国移动互联网发展的重要载体，商业潜力巨大。2011年5月4日，国家互联网信息办公室成立，成为我国网络信息内容的专门管理机构。2013年国务院正式发布《“十二五”国家自主创新能力建设规划》，明确表示要完善国家重大工程和公共基础设施监测监控平台。2013年2月，国务院正式发布《关于推进物联网有序健康发展的指导意见》，明确提出要以安全保障为前提，将安全可控定为基本原则。

（三）网信军民融合发展新的起点

伴随着网络安全和信息化建设的不断前行，网信军民融合发展进入了新的阶段，开启了从网络大国转变为网络强国的征程。

一是网信军民融合发展的新基础。在基础技术领域，中国互联网行业整体向规范化、价值化发展。我国率先完成4G网络更新换代，开始引领国际互联网发展趋势。中兴公司、华为公司、华三通信公司等在国内网络信息系统领域形成了“战国”格局，并逐步打破了国外主要竞争商家的垄断地位。国家和军队依靠自身力量，组织军地科研单位集中进行攻关，可以预见不远的未来，中国人一定能够实现“中国芯”，并使用自己的操作系统软件。

二是网信军民融合发展的新安全。2012年，我国信息安全产业规模达到366.6亿元，较2003年增长约7倍，年平均复合增长率为23.3%，整体保持较快增速（见图2－1）。军地安全企业不断融合发展。截至2012年，国家115家央企中已有航天科技等近

10 家企业介入信息安全领域，有机会成为国家信息安全的“国家队”。截至 2012 年年底，国内信息安全相关企业超过 1 000 家，产值超过亿元的近 20 家，并出现了卫士通、国民技术、启明星辰、奇虎360 等一批上市公司。信息安全产品种类不断丰富，安全操作系统、安全芯片、安全数据库、密码产品等基础技术产品逐步成熟，产品功能逐步向集成化、系统化发展。此外，网络安全随着移动互联网的发展，逐渐向智能化领域拓展，尤其是在大数据、云计算和人工智能等方面，我国已进入摸索阶段。

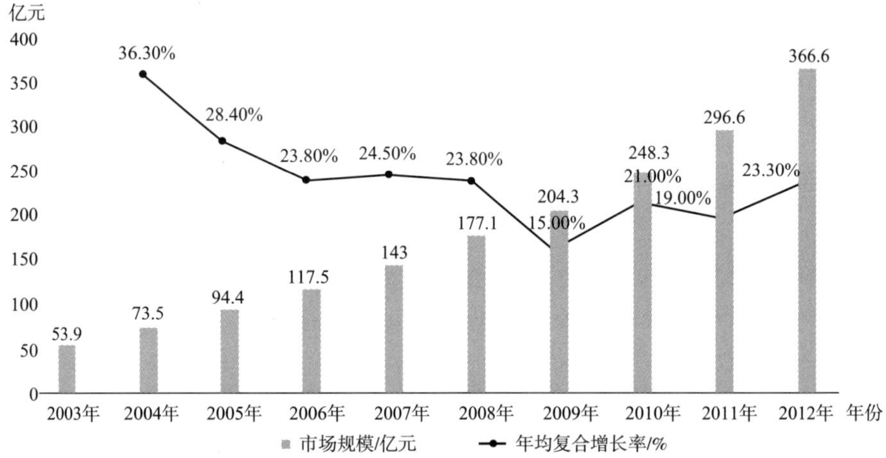

图 2－1　2003—2012 年我国信息安全产业规模及增长情况

三是网信军民融合发展的新领域。对于新兴网络领域，地方企业尤其是腾讯、阿里巴巴等公司已经开始谋篇布局，不断占领技术和市场的制高点。无线网络通信、量子计算机、战场 AI 等领域军地合作已逐步展开。

党的十八大以后，军民融合逐步上升成为国家战略，网络安全和信息化作为军民融合发展战略的重要统筹方面关乎军民融合发展的程度和深度，是统筹其他领域的基础和技术支撑，因此，需要不断完善网信军民融合的体制机制、政策法规，大力培养科研人才队伍，不断推动技术、企业的快速发展，激发网信军民融合的活力动力，真正把融合发展贯彻落实到位，实现网络强国的既定目标。

参考文献

[1] 谢光．当代中国的国防科技事业（上、下）[M]．北京：当代中国出版社，1992.

[2] 游光荣，赵林榜．军民科技融合发展——理论与实践 [M]. 北京：国防工业出版社，2016.

[3] 辛晓梦，王雅萍．跨越时空——中国通信产业发展启示录 [M]. 北京：北京邮电大学出版社，2000.

[4] 段伟文．网络先锋——中国网络产业透视 [M]. 北京：北京邮电大学出版社，2000.

[5] 中国电子信息产业发展研究院编 . 2012—2013 年中国信息安全发展蓝皮书 [M]. 北京：人民出版社，2013.

[6] 中国电子信息产业发展研究院 . 2013—2014 年中国信息安全发展蓝皮书 [M]. 北京：人民出版社，2014.

[7] 中国电子信息产业发展研究院 . 2014—2015 年中国信息安全发展蓝皮书 [M]. 北京：人民出版社，2015.

[8] 国家第二次全国经济普查领导小组办公室、中国互联网络信息中心．中国互联网产业发展研究报告 [M]. 北京：中国统计出版社，2011.

[9] 军事科学院军民融合研究中心．军民融合深度发展论（下册）[M]. 北京：军事科学出版社，2016.

[10] 孙广运．中国国防科技工业的改革与发展问题 [M]. 北京：航空工业出版社，2003.

第三部分

国防篇

网信事业发展是现代国家发展的命门，是统筹经济建设和国防建设、实现富国和强军的关键。信息化是国防现代化的重要内容，信息化的国防建设必须根植于网信事业的强大母体，网信事业的基础越好，网信军民融合程度越高，国防现代化的步伐就越坚实。近年来，在习近平总书记网信军民融合战略思想的引领下，我国稳步推进各项政策法规建设，逐步调整相关体制机制，将网信军民融合发展措施落到实处。

一、定战略：网信军民融合战略思想

网信军民融合战略思想是习近平总书记军民融合战略思想的重要有机组成部分，是对中国特色军民融合发展道路的伟大创新。十八大以来，习近平总书记对网信军民融合问题越来越重视，着眼于破除观念牢笼、统筹多头治理、解决规范滞后、避免执行乏力等复杂问题，探索强国建军治网规律。2017 年，习近平总书记就军民融合问题进行了三次重要讲话，打出“三记重拳”，对军民融合思想进行了深入阐述，提出了新的战略思想，强化了指导落实，指明了发展方向，全面推进包括网信领域在内的军民融合到新高度、新宽度。

（一）“312 讲话”：习近平总书记提出加快建立军民融合创新体系，为我军建设提供强大科技支撑

2017 年 3 月 12 日，在十二届全国人大 5 次会议解放军代表团全体会议上，习近平总书记强调加快建立军民融合创新体系，为我军建设提供强大科技支撑，正式宣布中央决定成立中央军民融合发展委员会，吹响了全面推进网信军民融合的号角。“312 讲话”阐述了军民融合的时代背景，提出为完成“两个转变”采取“四个推动”措施。习近平总书记指出，经过长期发展，我国经济实力、科技实力大幅提升，一些重要科技领域跻身世界先进行列，为科技兴军提供了坚实基础，我们完全有条件把科技领域军民融合搞得更好一些、更快一些。要推动搞好顶层设计和战略筹划，推动国防科技和武器装备军民融合，推动军地合力培育军事人才，推动体制机制和政策制度改革，加快我军建设向质量效能型和科技密集型转变。

（二）“620 会议”：习近平总书记强调加强集中统一领导，加快形成全要素多领域高效益的军民融合深度发展格局

2017 年 6 月 20 日召开中央军民融合发展委员会第一次全体会议，正式运行中央顶层统筹体制。习近平总书记在会上提出军民融合战略机遇期、关键期的历史定位，加强集中统一领导，加快形成全要素多领域高效益的军民融合深度发展格局，进而提出了抓机遇的“统、融、新、深”四字诀，走出一条中国特色军民融合路子。审议通过了《中央军民融合发展委员会工作规则》《中央军民融合发展委员会办公室工作规则》《中央军民融合发展委员会近期工作要点》和《省（区、市）军民融合发展领导机构和工作机构设置的意见》。在网信方面，习近平总书记指出，推动军民融合深度发展，必须向重点领域聚焦用力，以点带面推动整体水平提升。海洋、太空、网络空间、生物、新能源等领域军民共用性强，要在筹划设计、组织实施、成果使用全过程贯彻军民融合理念和要求，抓紧解决好突出问题，加快形成多维一体、协同推进、跨越发展的新兴领域军民融合发展格局。

（三）“922 会议”：习近平总书记强调向军民融合发展重点领域聚焦用力，以点带面推动整体水平提升

2017 年 9 月 22 日在中央军民融合发展委员会第二次全体会议上，习近平总书记强调，推动军民融合发展是一个系统工程，提出“三个强化、重点推进”。会议提出了军民融合下一步重点加强“四个建设”。审议通过了《“十三五”国防科技工业发展规划》《关于推动国防科技工业军民融合深度发展的意见》《“十三五”期间推进军事后勤军民融合深度发展的实施意见》《经济建设与国防建设密切相关的建设项目贯彻国防要求管理办法（试行）》，部

署了当前和今后一个时期的工作。在网信方面，习近平总书记指出，坚持自主创新，增强核心基础产品和国防关键技术自主可控能力，完善国防科技协同创新机制，促进武器装备体系化、信息化、自主化、实战化发展；坚持深化改革，积极推进国防科技工业体制改革，瞄准各方反映强烈的矛盾和问题，坚决拆壁垒、破坚冰、去门槛，破除制度藩篱和利益羁绊，营造公平竞争的政策环境；坚持优化体系，扩大军工开放，推动军品科研生产能力结构调整；坚持融合共享，加快技术、资本、信息、人才、设备设施等资源要素的军民互动，实现相互支撑、有效转化。

经过这三次会议，习近平总书记网信军民融合战略思想基本成熟，并以很快的速度得到贯彻落实。政策法规逐步完善，体制机制基本建立，运行落实到省（区、市）一级，强调向军民融合发展重点领域聚焦用力，以点带面推动整体水平提升。在 2017 年 10 月 18 日十九大报告中，军民融合战略是强军战略中“五个更加注重”的方面之一，是全面建成小康社会的七大战略之一。推进军民融合深度发展，是全面推进国防和军队现代化的必然要求，习近平总书记军民融合思想正在不断地丰富和加强。

在习近平总书记军民融合战略思想的指导下，军地双方深入学习贯彻党中央、习总书记军民融合发展决策部署，抓住军队改革国家改革的有利契机，协力破解发展中遇到的一系列矛盾问题，抓紧推进各项任务，取得了可喜的成果。近年来，发布实施《“十三五”科技军民融合发展专项规划》和人防、交战、国民经济动员等专项规划，20 个省（区、市）出台军民融合发展规划。启动实施首批 41 家军工科研院所改革，深化论证空域管理体制、军品定价议价规则、装备采购制度等改革方案，全面推进武器装备科研生产许可与装备承制单位联合审查工作机制。在全国范围推广军民大型国防科研仪器设备整合共享、以股权为纽带的军民两用技术联盟创新合作、民口企业配套核心军品的认定和准入标准3项创新举措。随着网信军民融合战略思想的全面推进与落实，有助于形成国家经济领域的先进生产力，有助于提升国防军事领域的新质战斗力，有助于抢占信息时代的技术制高点。网信军民融合战略已经成为实现国家安全与发展兼顾、富国与强军相统一的重要战略途径。

二、出政策：网信军民融合国防政策法规

为贯彻落实习近平总书记网信军民融合战略思想，推进强国强军战略和军民融合发展战略，中央、各部委、军队、地方出台了一系列政策法规，为推动网信兴军提供了重要指导，主要包括国家战略、阶段性规划、意见方案、工作文件、法律法规等。

（一）国家发展战略重磅发布，助推网信军民融合中长期发展

在战略层面，中央制定《国家创新驱动发展战略纲要》和《国家信息化发展战略纲要》，指导网信军民融合中长期发展。前者把军民融合发展战略和创新驱动发展战略有机结合起来，加快建立军民融合创新体系；后者把国家信息化发展与军民融合相结合，以军民融合深度发展战略思想，在新的起点上推动军队信息化建设。

中共中央、国务院2016年5月印发的《国家创新驱动发展战略纲要》，明确提出企业、科研院所、高校、社会组织等各类创新主体的功能定位，构建开放高效的创新网络，建设军民融合的国防科技协同创新平台。纲要提出，深化军民融合，促进创新互动。按照军民融合发展战略总体要求，发挥国防科技创新重要作用，加快建立健全军民融合的创新体系，形成全要素、多领域、高效

益的军民科技深度融合发展新格局。一是健全宏观统筹机制；二是开展军民协同创新；三是推进军民科技基础要素融合；四是促进军民技术双向转移转化。

中共中央办公厅、国务院办公厅2016年7月印发的《国家信息化发展战略纲要》，对以信息化推进网络强国建设作出了全面部署，明确了目标要求和总体任务，实施“互联网+”“中国制造2025”等战略，要发挥网络“无所不在、连接一切”的特质，推动经济社会整体转型升级。纲要中第四部分的第六点提出加快信息强军，构建现代军事力量体系。积极适应国家安全形势新变化、信息技术发展新趋势和强军目标新要求，坚定不移把信息化作为军队现代化建设发展方向，贯彻军民融合深度发展战略思想，在新的起点上推动军队信息化建设跨越发展。

（二）“十三五”规划分层制定，统筹网信军民融合深度发展

国家通过“十三五”系列规划，以纲要、规划、专项规划和各省规划统筹指导网信军民融合深度发展（见表3-1），包括以《国民经济和社会发展第十三个五年规划纲要》等文件总体统筹规划网信领域在内的国民经济和社会发展问题。已有20个省（区、市）出台军民融合发展规划，有力推动了网信军民融合深度开展。

表3-1 国家“十三五”规划、政策及要点

时间	发文机关	政策及要点
2016年3月	中央	《国民经济和社会发展第十三个五年规划纲要》（简称《“十三五”纲要》）第七十八章为“推进军民深度融合发展”，对国防建设军民融合提出了规划指导
2016年7月	国务院	《“十三五”国家科技创新规划》为网信领域科技创新军民融合的机制、方法等指明方向，提出要完善军民融合创新机制，大力推进军民融合科技创新等

续表

时间	发文机关	政策及要点
2016 年 11 月	国务院	《“十三五”国家战略性新兴产业发展规划》认为，未来 5 到 10 年，是全球新一轮科技革命和产业变革从蓄势待发到群体迸发的关键时期。在这一关键机遇期，要深入推进网信军民融合。一方面，构建军民融合的战略性新兴产业体系；另一方面，加强军民融合重大项目建设
2016 年 12 月	国务院	《“十三五”国家信息化规划》指出网信军民融合体系已初步建立，技术融合、产业融合、信息融合不断深化，还设置专栏讨论了“网信军民深度融合工程”，包括了试点示范、协同创新、理论创新三方面内容
2017 年 5 月	中央网信办、国家质检总局、国家标准委	《“十三五”信息化标准工作指南》提出促进军地信息化建设成果双向转移和资源共享，创新军民融合标准化工作机制，积极推动在国家标准中纳入军事需求和在军事领域采用民用标准，鼓励军队人员参加国家标准制定
2017 年 7 月	国务院	《新一代人工智能发展规划》提出加强人工智能领域军民融合，促进人工智能技术军民双向转化，引导国防领域人工智能科技成果向民用领域转化应用
2017 年 8 月	科技部、军委科技委	《“十三五”科技军民融合发展专项规划》部署“十三五”期间推进科技军民融合发展有关工作。规划要求，到 2020 年，基本形成军民科技协同创新体系，推动形成全要素、多领域、高效益的军民科技深度融合发展格局
2017 年 10 月	科技部、国家发展改革委、财政部	《“十三五”国家科技创新基地与条件保障能力建设专项规划》提出按照新形势下军民融合发展的总体思路，以支撑科技强军为目标，依托军队所属高等院校和科研院所军民共建国家重点实验室
2017 年 9 月	中央军民融合发展委员会	《“十三五”国防科技工业发展规划》《“十三五”期间推进军事后勤军民融合深度发展的实施意见》等文件中均有网信军民融合的相关内容

中央2016年3月发布的《国民经济和社会发展第十三个五年规划纲要》（简称《“十三五”纲要》）中第78章“推进军民深度融合发展”，对国防建设军民融合提出了规划指导。纲要指出，要实施军民融合发展工程，在网络空间等领域推出一批重大项目和举措，打造一批军民融合创新示范区，增强先进技术、产业产品、基础设施等军民共用的协调性。

国务院2016年7月发布《“十三五”国家科技创新规划》，为网信领域科技创新军民融合的机制、方法等指明方向。规划提出要完善军民融合创新机制，加强新一代信息技术、智能制造等领域一体化部署，推进颠覆性技术创新，加速引领产业变革；实施促进科技成果转移转化行动，完善科技成果转移转化机制，大力推进军民融合科技创新。

国务院2016年11月发布《“十三五”国家战略性新兴产业发展规划》。规划认为，未来5到10年，是全球新一轮科技革命和产业变革从蓄势待发到群体迸发的关键时期。在这一关键机遇期，要深入推进网信军民融合。一方面，构建军民融合的战略性新兴产业体系；另一方面，加强军民融合重大项目建设。

国务院2016年12月下发《“十三五”国家信息化规划》。规划认为，网信军民融合体系已初步建立，技术融合、产业融合、信息融合不断深化。网信军民融合顶层设计、战略统筹和宏观指导得到加强，实现了集中统一领导和决策，一批重大任务和重大工程落地实施。军民融合式网信产业基础进一步夯实，初步实现网络安全联防联控、网络舆情军地联合管控，信息基础设施共建合用步伐加快。规划还从建立健全网信军民融合机制、推进信息基础设施共建共用共享、军民技术双向转化等三个方面专门论述了“打造网信军民深度融合发展体系”问题。此外，《“十三五”国家信息化规划》还设置专栏讨论了“网信军民深度融合工程”，包括了试点示范、协同创新、理论创新三方面内容。

中央网信办、国家质检总局、国家标准委 2017 年 5 月联合印发《“十三五”信息化标准工作指南》，提出要健全国家和军队信息化标准体系，提高信息化领域军民标准通用化水平，促进军地信息化建设成果双向转移和资源共享。创新军民融合标准化工作机制，积极推动在国家标准中纳入军事需求和在军事领域采用民用标准，鼓励军队人员参加国家标准制定。加强军民信息化领域标准信息通报，促进标准化专家技术组织、标准信息资源共建共享，支持各类社会科技资源参与国防和军队信息化标准建设。

国务院 2017 年 7 月发布《新一代人工智能发展规划》，提出加强人工智能领域军民融合。促进人工智能技术军民双向转化，强化新一代人工智能技术对指挥决策、军事推演、国防装备等的有力支撑，引导国防领域人工智能科技成果向民用领域转化应用。

科技部、军委科技委 2017 年 8 月联合印发《“十三五”科技军民融合发展专项规划》，部署“十三五”期间推进科技军民融合发展有关工作。规划明确提出，推进科技军民融合发展要坚持“战略导向、融合发展，需求牵引、系统推进，联合研发、强基固本，改革创新、双向转移”的基本原则。规划要求，到 2020 年，基本形成军民科技协同创新体系，推动形成全要素、多领域、高效益的军民科技深度融合发展格局。

科技部、国家发展改革委、财政部 2017 年 10 月下发《“十三五”国家科技创新基地与条件保障能力建设专项规划》，提出按照新形势下军民融合发展的总体思路，以支撑科技强军为目标，加强军民协同创新，会同军口相关管理部门，依托军队所属高等院校和科研院所建设军民共建国家重点实验室。此外，2017 年 9 月 22 日中央军民融合发展委员会通过的《“十三五”国防科技工业发展规划》《“十三五”期间推进军事后勤军民融合深度发展的实施意见》等文件中也有网信军民融合的相关内容。

（三）多项意见方案陆续出台，加强网信军民融合建设指导

在战略与规划的指导下，政府与军队相关部门相继出台了与军民融合发展的建设方案和指导意见。其中重要的包括《推进装备领域军民融合深度发展的思路举措》《国家科技创新基地优化整合方案》《国家技术转移体系建设方案》等。

国务院办公厅2016年4月发布《促进科技成果转移转化行动方案》，提出推动军民科技成果融合转化应用。建设国防科技工业成果信息与推广转化平台，研究设立国防科技工业军民融合产业投资基金，支持军民融合科技成果推广应用。梳理具有市场应用前景的项目，发布《军用技术转民用推广目录》《“民参军”技术与产品推荐目录》《国防科技工业知识产权转化目录》。实施军工技术推广专项，推动国防科技成果向民用领域转化应用。

中央军委装备发展部2017年2月拟制《推进装备领域军民融合深度发展的思路举措》，围绕创新制度机制、降低准入门槛、完善信息交互、培育竞争环境、强化监督管理等五个方面，提出了12条举措和45项任务。

国务院2017年9月下发《国家技术转移体系建设方案》，提出深化军民科技成果双向转化。一方面，强化军民技术供需对接。加强军民融合科技成果信息互联互通，建立军民技术成果信息交流机制；另一方面，优化军民技术转移体制机制。完善国防科技成果降解密、权利归属、价值评估、考核激励、知识产权军民双向转化等配套政策。

国家互联网信息办公室2017年9月7日印发《互联网群组信息服务管理规定》。该规定出台旨在促进互联网群组信息服务健康有序发展，弘扬社会主义核心价值观，培育积极健康的网络文化，

为广大网民营造风清气正的网络空间。该规定明确，互联网群组信息服务提供者应当落实信息内容安全管理主体责任，配备与服务规模相适应的专业人员和技术能力，建立健全用户注册、信息审核、应急处置、安全防护等管理制度。

中央军委后勤保障部2017年12月印发《“十三五”期间推进军队采购军民融合深度发展意见》。该意见提出，按照“需求牵引、项目示范，资源统筹、融合共享，创新引领、互促共进”的思路，将军队采购纳入军事后勤军民融合发展全局谋划展开，积极推进采购制度机制、资源保障、平台建设、力量使用等统筹融合，全面开创新时代军队采购军民融合发展新格局。

此外，《关于加快科技服务业发展的若干意见》《关于加快应急产业发展的意见》《关于促进和规范健康医疗大数据应用发展的指导意见》《国家科技创新基地优化整合方案》《关于推动国防科技工业军民融合深度发展的意见》等文件中也有网信军民融合的相关内容。

（四）军地政策文件纷纷落实，解决网信军民融合具体问题

针对网信军民融合中的具体问题，有关部门和单位积极推进工作落实，在《关于加快吸纳优势民营企业进入武器装备科研生产和维修领域的措施意见》等已有政策的基础上，推出《国家科技成果转移转化示范区建设指引》《军用技术转民用推广目录》《民参军技术与产品推荐目录》《军事计量军民融合技术规范目录（V2.0）》等政策文件，有效推动网信军民融合顺利开展。

为贯彻落实制造强国和军民融合发展战略，促进军民两用高新技术成果服务国防和军队建设，近年来，工业和信息化部、国防科工局联合发布年度《军用技术转民用推广目录》（简称“军转民”目录）和《民参军技术与产品推荐目录》（简称“民参军”

目录)。截至2017年，工业和信息化部、国防科工局已编制发布了8期“军转民”目录和“民参军”目录。应用成效评价表明，两个目录已成为拓宽军民信息交流渠道、推动优势技术与产品双向转化的重要方式。2017年度“军转民”目录围绕新一代信息技术、智能制造、应急救援与公共安全等6个领域，收录150个项目；“民参军”目录针对陆军装备建设需求，围绕先进材料与制造、动力与传动、指挥与控制等19个领域，收录200个项目。国家、地方和军队有关部门将据此组织开展推介推广活动，同时鼓励社会有关科技服务机构围绕目录中的技术项目，提供供需对接、技术孵化以及投融资等服务。

2017年4月6日，中央军委装备发展部发布《军事计量军民融合技术规范目录（V2.0)》。目录（V2.0）覆盖了军事计量几何量、热学等十大通用计量专业以及医学、气象2个专业应用领域，内容全面、结构合理、表述规范，共收录军地现行计量技术规范819个，其中，国家计量检定规程488个、国家计量校准规范179个、国家标准23个、国家军用标准70个、部门（行业）标准59个；与目录（V1.0）相比，新增技术规范134个、删除废止6个、更新代替48个，填补了支撑高新技术武器装备发展的大量军事计量技术规范空白，为建立领域完备、内容齐全的军民融合军事计量技术规范体系奠定了重要基础。为积极引导社会力量参与装备预研工作，中央军委装备发展部还在全军武器装备采购信息网上发布了《2017年共用技术和领域基金指南》。指南中公布，2017年我军在共用技术和基础研究方面投入近60亿元的经费，新增390条公开指南条目和531条涉密指南条目，为社会力量参与装备预研提供2 000余个机会。

2017年9月，中央军委批准下达军民标准通用化工程第一批建设任务，标志着军民融合标准化工作全面开展。军民标准通用化工程建设主要针对标准化军民融合法规制度不完善、协调机制不健全和资源共享手段不配套等突出问题，重点规划了民标采用、军标转化、整合修订、通标制定、资源共享、机制建设等6大方面41项任务。工程的顺利实施将有效建立标准化军民融合长效机制，构建开放共享的军民标准化资源服务保障体系，形成一批创新性、引领性、示范性标准化成果。

为深入实施创新驱动发展战略，国务院办公厅2017年9月下发《关于推广支持创新相关改革举措的通知》，提出党中央、国务院确定在京津冀、上海、广东（珠三角）、安徽（合芜蚌）、四川（成德绵）、湖北武汉、陕西西安、辽宁沈阳等8个区域开展全面创新改革试验，推进相关改革举措先行先试，着力破除制约创新发展的体制机制障碍。有关地区和部门出台了一批支持创新的相关改革举措，其中，军民融合创新方面3项："军民大型国防科研仪器设备整合共享""以股权为纽带的军民两用技术联盟创新合作""民口企业配套核心军品的认定和准入标准"。

科技部2017年10月制定下发《国家科技成果转移转化示范区建设指引》，提出打造形成一批政策先行、机制创新、市场活跃的科技成果转移转化区域高地，形成一批可复制、可推广的经验做法。有利于科技成果转移转化的政策环境和体制机制不断健全，专业化的技术转移人才队伍不断壮大，科技成果转化公共服务平台更加完善，企业、高校和科研院所科技成果转移转化能力明显提升，各具特色的科技成果转移转化体系逐步建立和完善。示范区建设期原则上为3至5年，"十三五"期间部署建设10个左右示范区。

工业与信息化部2017年11月15日发布《关于第五代移动通信系统使用3 300～3 600MHz和4 800～5 000MHz频段相关事宜的通知》。工业与信息化部官方微信介绍，本次发布的中频段5G系统频率使用规划，能够兼顾系统覆盖和大容量的基本需求，是我国5G系统先期部署的主要频段。

（五）各类法律法规快速完善，保障网信军民融合规范发展

以往法律法规中对于军民融合的规定主要分两层次、三类别。两层次是国家层次的法律及各省的法规，如《中华人民共和国科学技术进步法（修订）》与各省的《促进科技成果转化条例》，部分涉及网信军民融合问题。三类别是行政法、经济法和国防法，行政法如《中华人民共和国测绘法》《中华人民共和国公共文化服务保障法》《中华人民共和国促进科技成果转化法》等，在各自领域内对于军民融合的运作管理进行了规定；经济法如《中华人民共和国标准化法》《中华人民共和国中小企业促进法》等，对于企业法人等参与军民融合作出了规定；国防法由军队出台的相关规定构成。

新时期军民融合有了质的飞跃，法律法规正在快速完善出台。2017年，中央出台了《中央军民融合发展委员会工作规则》《中央军民融合发展委员会办公室工作规则》《中央军民融合发展委员会近期工作要点》和《省（区、市）军民融合发展领导机构和工作机构设置的意见》等组织机构设置的有关法规，以及《经济建设与国防建设密切相关的建设项目贯彻国防要求管理办法（试行）》《关于规范以“军民融合”名义开展有关活动的通知》等管理办法，各部门也对一些网信军民融合事宜进行了规定。

工业和信息化部于2017年1月制定了《国家新型工业化产业示范基地管理办法》，对国家示范基地的申报、工作程序、管理等作出了规定，进一步加强国家新型工业化产业示范基地管理工作，促进产业集聚集群区规范发展和提质增效，推进制造强国建设。

国防科工局于2017年9月发布《军工技术推广专项奖励性后

补助实施细则（试行）》，将网信等军工技术项目类别按一类、二类、三类评定，可相应给予200万元至800万元的奖励，细则也对项目征集与申请、审查核定、监督管理等问题作出了规定。

重庆市公安局网安总队2017年8月成功查处首例违反《网络安全法》行政案件，当地一网络运营者在提供网络服务过程中，未依法留存用户登录网络日志，受到警告处罚，并被责令限期15日内整改。重庆市公安局网安总队在日常检查中发现，重庆市某科技发展有限公司自2017年6月1日《网络安全法》正式实施以来，在提供互联网数据中心服务时，存在未依法留存用户登录相关网络日志的违法行为。

中央军民融合发展委员会办公室2017年10月印发《关于规范以“军民融合”名义开展有关活动的通知》，要求各地区和军地各部门、各单位深刻认识军民融合发展战略的重要意义，切实把思想和行动统一到以习近平同志为核心的党中央决策部署上来，站在维护国家安全与发展利益的高度，严格规范以“军民融合”名义开展的有关活动，切实保障军民融合发展战略顺利实施。

三、改体制：网信军民融合国防体制机制

网信军民融合体制是国家军民融合体制中的有机组成部分，其运行依托于中央军民融合统筹协调、政府和军队各部门管理、国防科研、军工生产等运行机制。中央在网信军民融合体制的战略指导和统筹协调方面起着不可或缺的方向指引作用，国防科技和网信部门的单位机构在网信军民融合体制的落实中发挥着重要的作用。按照《“十三五”纲要》要求，近年来，中央及军地各级完善军民融合发展体制机制，健全军民融合发展的组织管理、工作运行和政策制度体系，建立了从国家到各省（自治区、直辖市）

的军民融合领导机构及落实单位。

（一）网信军民融合顶层统筹体制更加完善

2017 年，网信军民融合中央统筹机构在原有中央网络安全和信息化领导小组的基础上进行了扩充，成立了中央军民融合发展委员会。中央网络安全和信息化领导小组成立于 2014 年 2 月 27 日，中共中央总书记、国家主席、中央军委主席习近平亲自担任组长。小组由 3 位正副组长在内的 22 名成员组成，领导小组着眼于国家安全和长远发展，统筹协调涉及经济、政治、文化、社会及军事等各个领域的网络安全和信息化重大问题，研究制定网络安全和信息化发展战略、宏观规划和重大政策，推动国家网络安全和信息化法治建设。该小组下设办公室作为其日常办公和执行机构，小组主要是领导功能，具体实施由中央网络安全和信息化领导小组办公室（简称中央网信办）来完成，各省（区、市）设网信办落实各项工作。

2017 年 1 月 22 日，中共中央政治局召开会议，决定设立中央军民融合发展委员会。委员会由习近平任主任，中央和国家机关及军委机关有关部门负责同志任委员，下设中央军民融合发展委员会办公室作为办事协调机构。中央军民融合发展委员会是中央层面军民融合发展重大问题的决策和议事协调机构，统一领导军民融合深度发展，向中央政治局、中央政治局常务委员会负责。中央军民融合发展委员会的主要任务是在中央层面加强对军民融合发展集中统一领导，拆壁垒、破坚冰、去门槛，破除制度藩篱和利益羁绊，构建系统完备的科技军民融合政策制度体系。统筹中央和国家机关、地方各级党委和政府以及有关方面，强化国防意识，支持国防和军队建设改革，为强军事业提供坚强支持。

（二）网信军民融合国防管理机制有效协作

网信军民融合政府国防管理体系由国务院及下属负责网信、科技等各部门构成，主要包括工业和信息化部、科技部等部门，负责地方网信军民融合的政策指导、管理和与军队的协调工作。中央网信办、中央军委战略规划办公室、国家发展改革委、公安部、国务院法制办、中央军委训练管理部、中央军委装备发展部等按职责分工负责，在网信军民融合机制中发挥相应职能作用。

工业和信息化部是我国推进网信军民融合的主要政府管理部门。工业和信息化部内设军民结合推进司，负责提出军民两用技术双向转移、军民通用标准体系建设和军民结合发展规划，拟订相关政策并组织实施，推进相关体制改革。该司下设综合处、规划协调处、对外合作处、成果转化处等部门。工业和信息化部还于2012年起每年召开军民结合、寓军于民武器装备科研生产体系建设部际协调小组会议。部际协调小组由工业和信息化部部长召集，教育部副部长、人力资源和社会保障部副部长、国防科工局副局长、国家能源局监管总监、国家标准委副主任、军委装备发展部副部长等领导出席会议。2017年4月1日召开了第六次会议，审议并原则通过了《国务院中央军委关于建立和完善军民结合寓军于民武器装备科研生产体系的若干意见》。

工业和信息化部下设的国防科工局，是实施网信军民融合政策发布、管理协调的重要单位。作为中国主管国防科技工业的行政管理机关，国防科工局主要职责是为国防和军队建设服务、为国民经济发展服务、为涉军企事业单位服务，具体负责组织管理国防科技工业计划、政策、标准及法规的制定与执行情况监督。国防科工局17个司、局级机构中，办公室、政策法规司、体制改革司、综合计划司、经济协调司（民口配套办公室）、科技与质量司、安全保密局、国际合作司各负责一部分网信军民融合有关职能。国防科工局每年度发布《军用技术转民用推广目录》等文件，有力推动包括网信领域在内的国防科技军民融合。各省（区、市）还设有国防科工办，下设各处对应国防科工局各司，负责各省（区、市）网信等科技军民融合有关职能。

（三）网信军民融合军事指导体制调整运行

网信军民融合军事装备管理体系归中央军委统一领导，在中央军民融合发展委员会总体指导下，由中央军委装备发展部、中央军委科技委等直属机关与下属部门构成，负责军队网信军民融合的政策指导、需求管理和与地方的协调工作。

中央军委装备发展部是军队网信军民融合的政策指导机构。2016 年 1 月调整组建后，主要履行全军装备规划计划、研发试验鉴定、采购管理、信息系统建设等职能，着力构建由军委装备部门集中统管、军种具体建管、战区联合运行的体制架构；以原总装备部科学技术委员会为基础，调整组建的中央军委科学技术委员会（以下简称军委科技委），主要是加强国防科技战略管理，推动国防科技自主创新，协调推进科技领域军民融合发展。同时，国务院机构改革正在深化。国防科技工业和军事装备管理体制与运行机制将在新一轮改革大潮中不断完善，展现出制度优势和创新活力。

军委科技委是中央网信军民融合的技术政策咨询机构，也是军队网信军民融合的最高科研指导机构。军委科技委于 2016 年 1 月组建，是军改后中央军委 15 个下设职能部门之一，属于三委之一，其当前工作重点是实施创新驱动发展、军民融合发展、人才强国等战略，构建国防科技发展体系和法规体系，加快科技军民融合，努力推动国防科技创新超越发展。

（四）网信军民融合科研产业力量蓬勃发展

网信军民融合国防科研体制构成复杂、来源多样，除部分军事研究机构外，还包括国家部门研究机构、大学院校研究机构、国有企业研究机构和民企研究部门。

军事研究机构由军事科学院、国防大学、国防科技大学、信息工程大学、各军种研究所和部分单位研究所等单位构成，是网信军民融合国防科研体制的军事科学、作战需求的研究力量，是国防科研体制机制运行的引领力量。

国家部门研究机构由工业和信息化部电子科学技术情报研究所、工业和信息化部电信研究院、工业和信息化部电子第五研究所等单位构成，是网信军民融合国防科研体制机制运行的政策研究和技术指导的重要力量。

大学院校研究机构包括中国科学院、中国工程院、各大院校网信有关研究院所，还包括一些大学院校所属的外围研究机构，如哈尔滨工程大学青岛船舶科技有限公司、河北清华发展研究院、西南科技大学国家大学科技园等，是国防科研体制机制运行的技术引领和基础支撑力量。

国有企业研究机构主要包括中国航天科技集团公司、中国电子科技集团公司、电子信息产业集团公司等军工集团和其他央企下属的网信军民融合研究机构。比如，中国电子科技集团公司下属的各研究所是网信国企队的骨干力量，其47个研究院所形成了国防电子信息科研体系，是目前国家主要的网信技术与产业依托机构。另外，中国航天科技集团公司下属的中国航天系统科学与工程研究院（简称航天十二院），依托“钱学森智库”建设，坚持以系统工程为思想利器，引领世界系统工程的发展变革，在推动跨军民、跨地域、跨行业、跨学科的思想集成，提供高质量决策支持方面取得了令人瞩目的成果。近年来，航天十二院在支撑航天网信工程建设的基础上，积极培育转型动能，建设精品示范，促进网信军民融合产业升级发展。航天十二院以军民融合促进中心为平台，依托航天尖端专利技术，按照市场化运作方式，探索创新军民融合商业模式、盈利模式，推动创新链、产业链、资金链全寿命对接军民融合，服务地方经济转型发展。

民企研究部门近年发展迅速，各省（区、市）依托软件园、孵化器，形成了一批更具创新与活力的网信领域科学研究机构，不但成为国家科研力量的有利补充，而且成为带动地方经济发展的新兴力量。如河南省863软件孵化器有限公司、江苏软件园科技发展有限公司、中关村军民科技协同创新孵化中心等优秀机构，被列入国家军民融合公共服务平台“军民融合科技服务机构推荐名录”。

在产业方面，中国电子科技集团公司（简称中国电科）是中国网信军民融合军工产业体系的国家队和领头羊。中国电科是在原信息产业部直属电子研究院所和高科技企业基础上组建而成的国有重要骨干企业，是中央直接管理的十大军工集团之一，主要从事国家重要军民用大型电子信息系统的工程建设，重大装备、通信与电子设备、软件和关键元器件的研制生产。其外围有中国电子科技网络信息安全有限公司、中国电科重庆声光电有限公司等；还有一批上市公司，包括上海华东电脑股份有限公司、安徽四创电子股份有限公司等。中国航天科技集团公司等十大军工集团中与网信有关的公司也是该体制中的组成部分。对于未纳入该体制的民间企业，中央、各部委、军队、地方出台了一系列政策法规，引导规范其参与网信军民融合。近年来，航天十二院广泛推进军民融合转移中心建设，实现了全国首个航天（国防）技术转移应用中心在合肥蜀山落地运营，与山东、内蒙古、黑龙江、辽宁、浙江、广东、四川、安徽、宁夏9个省区近20个地市签订合作协议，诸多项目相继落地实施，有力推动了航天（军工）技术产业化和地方经济转型升级。

四、实举措：网信军民融合国防发展建设

军地各方深入贯彻党中央、国务院、中央军委战略部署，着力强化各领域、各区域军民融合发展制度机制整体设计，推进信息基础设施共建共用共享，组织实施网信军民深度融合工程。加快军民技术双向转化，有序推动军民重点实验室互相开放，发展军民一体信息产业。落实《关于加快推进军民结合产业发展的意见》《关于支持优势民用单位进入国防科技工业领域的意见》等文件，完善省一级的国防科技工业军民融合发展的政策环境。

（一）导向性技术交流平台成为推进军民融合的重要手段

为凝聚共识、加强互动、共商大计，在新起点上推动装备领域军民融合向更广范围、更高层次、更深程度发展，以政府主导、民间参与的形式，中央和各地加强论坛、大会等相关交流平台的建设。军民双方在推进国防科技和装备建设过程中，最大限度地实现技术、资源、设施和人才等成果的共享共用、互补互动和共同发展，实现装备建设和经济建设互利共赢。先后成立的重要交流平台包括军民融合发展高技术装备成果展览暨论坛活动、中国军民两用技术创新应用大赛、国际科技博览会、钱学森论坛等。

军民融合发展高技术装备成果展览暨论坛活动是当前国内武器装备军民融合领域最具权威性、综合性、示范性的一项国家级展览和论坛活动，由中央军民融合发展委员会办公室、中央军委装备发展部、教育部、工业和信息化部、国防科工局、中国科学院、

全国工商联共同主办。成果展览暨论坛活动举办以来，为我国近年来在信息技术领域军民融合发展的具有自主知识产权的核心关键技术做出了巨大贡献。2017 年 9 月 18 日，第三届军民融合发展高技术装备成果展览暨论坛活动在北京开幕。来自全国 354 家企业共 1 358 项技术成果参展，针对军民融合发展重难点问题组织了政策辅导、机制创新和信息技术三场专题论坛。从 2017 年起，该活动将由两年举办一次调整改为一年举办一次，并且将按照五年办一次综合展、其他年份办专题展的思路组织实施。

工业和信息化部、财政部、国防科工局、中央军委装备发展部、中央军委训练管理部、全国工商联、四川省人民政府于 2017 年 5 月至 9 月共同主办第二届中国军民两用技术创新应用大赛，大赛围绕新一代信息技术、新材料等重点领域，发掘出一大批优秀项目。大赛引起社会的广泛关注，来自国家部委、地方政府、军工单位、民营企业、投融资机构等千余位代表观摩了各阶段比赛，200 余家中央和地方媒体报道了相关消息。大赛着力推动创新技术应用，集聚国家和军队部门、地方政府、社会机构等方面资源，共同支持创新成果的转化和产业化。大赛一年一度，首届大赛于 2016 年 8 月至 12 月举办，29 个省（自治区、直辖市）和 11 家军工集团积极组织参赛，广大军工、民口企事业单位和创新团队踊跃报名。

由中央网信办政策法规局、工业和信息化部军民结合推进司、中国工程院一局指导，中国航天系统科学与工程研究院等单位共同主办的钱学森论坛，至今已举办了 15 期，推进了网信军民融合深度发展。论坛还成立了网信军民融合发展联盟，成为积极推动网络安全和信息化军民融合事业的企事业单位、团体和个人自愿结成的开放性、非营利性的全国性社会组织。

此外，各地也开展相关活动，如 2017 年 10 月 27 日在福州召开的首届军民融合与物联网大数据论坛，专家学者以“物联网与大数据技术在军民融合战略中的应用”为主题，围绕大数据、物联网、人工智能、网络安全等科技产业发展作了精彩的报告。还有如深圳市科协召开的2017年军民融合创新发展高层论坛等。

（二）交互式信息服务网络成为推进军民融合的重要途径

围绕军民融合知识产权发展战略，国家、军队、各地创新军民融合发展机制，建立军民成果双向转化“信息池”“专利池”，建立以促进军民融合发展为重点的国家级信息服务平台和知识产权运营平台。重点产业专利导航工作机制，建设国家知识产权服务业聚集区。积极推动国家军民融合知识产权运营工作，依托国家知识产权运营军民融合特色试点平台，探索国防专利横向流通转化、国防专利解密与普通专利跟进保护有机衔接、普通专利参与军品研发生产等机制，促进军民科技成果共享共用。目前建立的主要信息服务网络平台包括：

国家军民结合公共服务平台（现称国家军民融合公共服务平台，网址：http：//jmjh. miit. gov. cn/）是2012年工业和信息化部、财政部联合批复的建设项目，是贯彻落实《国务院中央军委关于建立和完善军民结合寓军于民武器装备科研生产体系建设的若干意见》的具体举措。军民结合公共服务体系建设项目（即国家军民结合公共服务平台）2014年12月通过项目竣工验收，正式上线投入运行。该平台包括军民用技术产品信息服务、军民结合产业发展引导、军民结合运行监测3个子平台和公共服务门户网站，共涉及6个专业数据库和18个专业数据模块，可为军工单位、军队、民口企业、高等院校和政府部门等各类用户提供信息发布与查询、信息分析与处理、信息定向推送和网络互动等功能服务。

全军武器装备采购信息网（网址：http：//www. weain. mil.

cn/）由中央军委装备发展部主办，网站于2015年1月4日正式上线运行，面向民营企业、军队装备采购部门、军工集团等用户全面开放。设有装备采购需求、政策法规、民参军指导、采购公告、集中采购、企业名录、产品技术、装备知识、服务指南等栏目，可实现军队装备采购需求信息发布、企业产品和技术信息推送、军地需求对接、信息动态监测等功能。截至2016年10月，全军武器装备采购信息网涉密信息查询点累计发布采购信息5 000余条，招标项目1 300余项，军地需求对接15 000余次，成为推动我国军民融合深度发展重要的信息平台。

财政部及国家知识产权局于2015年12月在西安高新区挂牌成立中国军民融合平台（网址：http：//www. jmrhip. com/）。平台由知识产权信息系统、知识产权交易系统、知识产权价值评估系统、知识产权挂牌备案系统、知识产权运营管理系统、知识产权配套辅助系统6大系统构成，包含军民融合特色专利数据库、服务机构数据库、基础知识产权检索分析数据库、舆情数据库、科技服务资源统筹数据库、平台实时大数据管理系统等8大数据库。为国家层面国防军工知识产权运营与技术成果转移转化探索新模式、新路径，为建设创新型国家提供有力支撑。

中央军委装备发展部国防知识产权局于2017年9月25日正式上线运行国防知识产权信息平台。平台面向武器装备建设各级用户发布国防专利申请和授权信息，军用计算机软件著作权登记信息，国防知识产权政策法规信息，国防专利转化项目、转化需求信息，国防关键技术领域专利分析报告，国防专利年度统计分析报告等信息，提供全文检索、统计分析、事务咨询等服务。该平台上线运行对于进一步发挥国防知识产权制度重要作用，促进国防知识产权转移转化，提升国防科技自主创新起点等，将产生积极而深远的影响。

此外，各地也积极推动网信军民融合项目发展，如2017年9月，全国首个军民融合人才交流服务平台在绵阳启动建设。2016年3月，陕西网信办启动网络经济发展项目库建设工作，推动包括网信军民融合在内的十大领域的重点项目。

（三）引领型产业示范基地成为推进军民融合的基本方式

近年来，国家、地方和军队在领域开放、价格税收、民营投资、市场准入、竞争采购等方面先后颁布了一系列引导支持网信产业发展的政策法规，加大产业发展扶持力度，鼓励各地先行先试，打造军民融合产业基地，运作好军地两个市场、两种资源，形成规模效应和联动反应，提高与国外产品的竞争能力，推动技术链、产业链、价值链有机融合，共同培育自主化网信产业生态链，在一定程度上促进了网信企业的发展。

一是国家级军民结合产业基地分批建立。近年来为推动军民结合产业集聚化、规模化发展，工业和信息化部依托国家新型工业化产业示范基地创建工作，分批次开展了国家级军民结合产业基地的培育和认定。到2017年，已批准7个批次、32个基地（见表3-2）。

表3-2 军民结合产业基地各批次名单

第一批次	陕西西安市
第二批次	内蒙古包头青山区、四川绵阳科技城、四川广元、湖北襄阳樊城区、湖北孝感经济开发区、湖南株洲、贵阳经济技术开发区
第三批次	北京大兴区、河北邯郸经济开发区、哈尔滨经济开发区、上海闵行区、安徽芜湖高新技术产业开发区、宁波鄞州区、江西景德镇、湖南平江工业园区、兰州经济技术开发区、昆明经济技术开发区
第四批次	辽宁铁岭经济技术开发区、河南洛阳涧西区、湖南湘潭雨湖区、重庆璧山工业园、陕西汉中航空产业园

续表

第五批次	遵义经济技术开发区、江苏丹阳
第六批次	西安兵器工业科技产业基地
第七批次	山西长治市城南工业园区、河北固安新兴产业示范区、大连登沙河产业区、重庆两江新区工业开发区、广东湛江高新技术产业开发区、福建宁德

二是中关村军民融合产业园先行先试，为融合发展开新路。中关村军民融合产业园被列为中关村科学城重点推进项目，是海淀区军民融合产业“一体三园”黄金布局中的重要组成部分。2015年年底项目正式启动，2016 年 12 月，全军 13 个部队单位在园区设立联络处，为园区军企对接提供了保证，整体于 2017 年年底前完工并投入使用。中关村军民科技协同创新孵化中心自主研发的“军用技术预见服务平台”，可对一些重大军民两用技术的发展前景进行分析预测，让军地双方的技术需求对接更有前瞻性。此外，中关村军民融合产业园还组织了 50 多次“民参军”“军转民”技术产品对接会、推介会，汇编了高新技术企业及产品目录，均取得了良好效果。

2017 年 12 月 12 日举办的首届中国网络安全产业高峰论坛上，工业和信息化部、北京市决定共同打造国家网络安全产业园区，并正式签署了合作协议，拉开网络安全产业创新发展的序幕。北京市经济和信息化委员会主任张伯旭表示，国家网络安全产业园区建设的总体目标是，将北京市建成国内领先、世界一流的网络安全高端、高新、高价值产业集聚中心。根据阶段目标，到 2020 年，将依托产业园区拉动 GDP 增长超过 3 300 亿元，北京市网络安全产业力争达千亿元规模，打造不少于 3 家年收入超过 100 亿元的骨干企业。到 2035 年，依托产业园区建成我国网络安全产业“五个基地”，即国家安全战略支撑基地、国际领先的网络安全研发基地、网络安全高端产业集聚示范基地、网络安全领军人才培育基地和网络安全产业制度创新基地。

总体而言，近年来，中央军委装备发展部等军地有关部门，着力完善政策措施、搭建交流平台、改进准入管理、推进竞争采购，有力推进了网信领域军民融合发展，取得了阶段性成果，发展势头较好。从装备军民融合发展情况上看，准入管理得到改进，中央军委装备发展部依托全军军事代表机构设立了40余个资格审查受理点，获得承制单位资格证的民营企业已达1 300余家，比前两年增长40%。实施分类审查，简化审查流程，提高审查效率，大幅压缩科研生产许可范围，许可项目由2 000余项减至700余项，民营企业参军的“门槛”更低了。竞争采购方面，出台了《竞争性装备采购管理规定》，制定招标、竞争性谈判、询价采购实施细则，实施“负面清单”管理，规范装备竞争采购工作。2017年，在预研领域推行项目指南网上发布、审查结果网上公示的管理模式，发布第一批1 550余项项目指南，共收到建议书12 700余份，受理单位3 000余家，其中，民营企业参加比例达到15%，呈现良好态势。

参考文献

[1] 游光荣，赵林榜. 军民科技融合发展：理论与实践［M］. 北京：国防工业出版社，2017.

[2] 中国政府网，网址 http：//www. gov. cn/。

[3] 中华人民共和国国防部网站，网址 http：//www. mod. gov. cn/。

[4] 中共中央网络安全和信息化领导小组办公室网站，网址 http：//www. cac. gov. cn/。

[5] 中华人民共和国科学技术部网站，网址 http：//www. most. gov. cn/。

[6] 新华网，网址 http：//news. xinhuanet. com/。
[7] 环球网，网址 http：//china. huanqiu. com/。
[8] 国家军民融合公共服务平台，网址 http：//jmjh. miit. gov. cn/。
[9] 全军武器装备采购信息网，网址 http：//www. weain. mil. cn/。
[10] 军委后勤保障部印发“十三五”期间推进军队采购军民融合深度发展《意见》[J]. 网信军民融合，2017 (12).
[11]《“十三五”现代综合交通运输体系发展规划》发布，重点推广北斗交通智能化 [J]. 网信军民融合，2017 (6).
[12]《“十三五”科技军民融合发展专项规划》发布 [J]. 网信军民融合，2017 (8).
[13] 国家互联网信息办公室公布《互联网群组信息服务管理规定》[J]. 网信军民融合，2017 (9).
[14] 军委装备发展部积极推进标准化军民融合深度发展 [J]. 网信军民融合，2017 (9).
[15] 中央军民融合发展委员会办公室. 关于规范以“军民融合”名义开展有关活动的通知 [J]. 网信军民融合，2017 (10).
[16] 重庆查处违反《网络安全法》首案 [J]. 网信军民融合，2017 (8).
[17] 北京将建设国家网络安全产业园区 [J]. 网信军民融合，2017 (12).

第四部分

产 业 篇

当前，移动互联网、云计算、大数据、物联网、人工智能蓬勃发展，与各垂直行业不断跨界融合，互联网对现实世界产生了前所未有的影响。2017 年，网信军民融合产业在政策、需求、资本的驱动下迎来更加快速稳定的发展，产业投入不断加大，产业规模不断增长，产业链条不断延伸，产业生态不断优化，产业效益不断显现。与之相应的是，数字经济正在成为我国经济的重要组成部分，成为重构中国经济版图的重要力量。据中国网络空间研究院发布的《中国互联网发展报告 2017》，2016 年，中国数字经济规模总量达到 22.58 万亿元人民币，跃居全球第二，占 GDP 比重达 30.3%，成为经济增长的新引擎和新亮点。阿里巴巴、腾讯、百度、华为等一批网信企业国际影响力日益提升，大量具有创新活力的互联网企业纷纷涌现。网信企业对接资本市场发展成效显著，截至 2017 年 10 月底，网信领域上市公司数量 730 家，总市值达到 17.5 万亿元人民币，在全球互联网企业市值前 20 强中，中国企业占据 8 席。网信产业已经深刻地融入我国经济社会各领域，成为推动经济发展质量变革、效率变革、动力变革的重要驱动力量。

一、基础融合：网信产业融合壁垒不断消除

自2015年军民融合上升为国家战略以来，在国家鼓励和政策支持下许多民营企业加入军工配套体系，打破了军工的封闭环境，将国防科技工业根植于国民经济体系之中。2017年1月22日，中央军民融合发展委员会由中共中央政治局决定设立，由中共中央总书记、国家主席、中央军委主席习近平任主任。同年6月20日，该委员会召开了第一次全体会议。不断落地的政策支持在推动军民融合发展加速前进的同时，使得网信领域也在更广范围、更高层次、更深程度上把国防和军队现代化建设需求与经济社会发展需要结合起来，为实现国防和军队现代化提供了丰厚的资源和可持续发展后劲。

（一）网信产业军民融合政策和制度机制建设加快

为推动国防科技工业体系开放，引入更具活力的竞争机制，国务院、中央军委以及地方各级政府或部门相继出台了一系列政策法规，涵盖了“军转民”“民参军”、军工集团股份制改造等多方面，并明确了民营企业参与武器装备科研生产与综合保障的权利，以及应承担的责任和义务，进一步破除军民融合发展政策制度壁垒和体制机制障碍。2017年11月，国务院办公厅制定出台了《关于推动国防科技工业军民融合深度发展的意见》，对推动国防科技工业军民融合深度发展作出全面部署。意见提出，国防科技工业军民融合要坚持国家主导、市场运作，健全完善政策，打破行业壁垒，推动公平竞争，实现优胜劣汰，加快形成全要素、多领域、高效益的军民融合深度发展格局；坚持问题导向、务求实效，围绕“军转民”“民参军”等重点领域，突出解决深层次问题和重

点、难点问题，向更广范围、更高层次、更深程度发展；坚持协同推进、成熟先行，注重政策统筹协调，有序推进，成熟一项、落实一项。2017 年 6 月，国防科工局发布了《2017 年国防科工局军民融合专项行动计划》，共提出 6 个方面 30 项年度重点工作。专项行动计划提出，在强化顶层设计方面，要继续推进国防科技工业军民融合发展相关政策和规划印发实施，落实全面创新改革试验工作，推动军工融入区域经济发展；在深化“民参军”方面，将着力促进资本层面的“民参军”，并围绕投资、税收、准入等领域，继续优化有利于民营企业发展的政策环境；在推进“军转民”方面，将大力加强军工技术成果转化，调动社会积极性发展军工高技术产业，并提出支持赣南等原中央苏区振兴发展；在促进军民资源共享方面，将重点推进航天资源军地共享共用，开放一批军工计量仪器设备，继续开展国家军民融合公共服务平台建设、军民协同创新机制建设和军民标准通用化等工作；在军工自主可控发展方面，要求立足社会资源，实施“319”专项行动、军工高端制造装备创新工程和专用软件自主化行动等；在动员和应急方面，提出加强生产动员和保障能力建设，推动完善应急体系。

（二）“军转民”和“民参军”目录加快网信技术与产品双向转化

网信产业军民融合主要可分为“军转民”和“民参军”。“军转民”侧重于企业股份制改造、资产证券化和网络信息核心技术军转民用，“民参军”则更倾向于民企参与体系配套和军工企业改制、军民两用技术科研合作及产业化方向。为贯彻落实制造强国和军民融合发展战略，推动军民用资源共享，促进军民两用高新技术成果服务国防和军队建设，工业和信息化部、国防科工局针对信息不对称、需求对接不顺畅的问题，联合开通了国家军民融合公共服务平台，目前，已发布3万多条信息，军民供需信息超5 000条。2017年，工业和信息化部、国防科工局联合发布了2017年度《军用技术转民用推广目录》（简称“军转民”目录）和《民参军技术与产品推荐目录》（简称“民参军”目录）。至今，工业和信息化部、国防科工局已编制发布8期“军转民”目录和“民参军”目录。实践表明，两个目录已成为拓宽军民信息交流渠道、推动优势技术与产品双向转化的重要方式。其中，2017年度“军转民”目录围绕新一代信息技术、智能制造、应急救援与公共安全等6个领域，收录150个项目；“民参军”目录针对陆军装备建设需求，围绕先进材料与制造、动力与传动、指挥与控制等19个领域，收录了200个项目。这些目录对国家、地方和军队有关部门组织提供供需对接、技术孵化以及投融资等服务，开展推介推广活动，鼓励社会有关科技服务机构围绕目录技术项目，高水平自主参与军民融合发展进程提供了极大便利。

（三）国防科技工业知识产权转化效益提升

国防科技工业知识产权是国防科技工业战略资源和核心竞争要素，是自主创新能力的重要体现。2017年9月，由国防科工局和国家知识产权局发布的《国防科技工业知识产权转化目录（第三批）》，共含400项知识产权信息，推荐向民用领域推广转化。第三批目录主要从各军工集团公司、中国工程物理研究院和工业和信息化部所属高校推荐的信息中遴选而成，涉及先进制造与工艺装备、电子信息技术、新材料、新能源、节能环保等领域，具有较强的军民通用性。该目录的发布，推动了更多具有民用产业前景的国防科技工业知识产权技术为国民经济建设服务，使知识产权成为推动科技成果转化、实现军民融合深度发展的重要手段。截至2017年年底，国防科工局和国家知识产权局两部门已发布两批国防科技工业知识产权转化目录，共含1 080项知识产权信息。其中，轨道交通用直流牵引供电系统、激光扫描模组、基于国产硬件平台的中标麒麟高可信计算平台等一批知识产权已通过自行实施、许可转让、合作开发、作价投资等形式实现向国民经济领域转化，获得较大经济效益。

（四）军民融合科技服务机构助力网信产业力量融合

为充分发挥市场机制作用，引导科技服务机构参与军民两用技术转移转化和军民设备设施资源共享，2017年3月，工业和信息化部军民结合推进司编制并发布了《军民融合科技服务机构推荐名录》。推荐名录设置了供需对接、创业孵化、科技评估、管理咨询和科技投融资5个业务类别，推荐了51家服务热情高、社会信誉好、综合实力强的机构。其中，供需对接类10家，主要业务是利用各类军民融合信息资源，为技术转移和设备设施共享的供需方提供信息检索、加工与分析、技术经纪等服务。创业孵化类11家，主要业务是以科技型创业企业为服务对象，通过开展创业培训、辅助、咨询，提供研发、试制、经营的场地和共享设施以及政策、制度、法规、财务等方面的服务，培养从事军民两用技术科研生产的科技企业。科技评估类10家，主要业务是对科技活动及相关责任主体进行专业化评价，考察各类科技活动的必要性、合理性、规范性和有效性，具体服务包括技术解释、技术成熟度评价、技术价值与市场价值评估等。管理咨询类12家，主要业务是提供政策、制度、法规、财务、管理、资源、市场等咨询服务以及相关培训。科技融资类8家，主要业务是提供科技保险、科技担保、知识产权质押等科技金融服务以及天使投资、创业投资等股权投资。

二、智慧联结：物联网产业结构升级加快

当前，全球移动互联网爆发式扩张正在接近尾声，世界互联网连接规模增长步入动力转换期，互联网发展进入从“人人互联”向“万物互联”转变跨越的新阶段。特别是信息网络加快向高速、移动、安全、泛在方向发展，新一代高速光纤网络、高速无线宽带加快普及，5G 和超宽带技术研究深入推进；物联网广泛应用，越来越多的设备、终端等接入信息网络；数字经济与传统电网、公路网、铁路网等深度融合，正在形成“万物互联”、泛在感知、空天一体的智能化综合信息基础设施，极大地提升了经济活动的网络化、数字化、智能化水平和运行效率，成为支撑经济发展不可或缺的重要基础。

（一）物联网产业加快我国产业结构升级调整

当前，中国经济发展已进入新常态，劳动力、土地等要素成本优势正在减弱，迫切需要调整优化产业结构、转换新旧发展动能。

近几年在国家有力政策环境和产业技术创新的推动下（见表 4-1），我国物联网呈现强劲发展势头，不断应用于智慧城市等各个领域，已经逐步进入深化发展的新阶段。

表 4-1　物联网政策及要点表

时间	政策及要点
2010.10	在《国务院关于加快培育和发展战略性新兴产业的决定》中，物联网作为新一代信息技术里面的重要一项被列为其中，成为国家首批加快培育的七个战略性新兴产业之一
2011.3	《国家“十五二”规划纲要》提出要推动重点领域跨越发展，大力发展节能环保、新一代信息技术、新能源、新材料等战略性新兴产业。物联网是新一代信息技术的高度集成和综合运用，已被国务院作为战略性新兴产业上升为国家发展战略

续表

时间	政策及要点
2012.2	《"十二五"物联网发展规划》提出，到2015年，我国要在物联网核心技术研发与产业化、关键标准研究与制定、产业链条建立与完善、重大应用示范与推广等方面取得显著成效，初步形成创新驱动、应用牵引、协同发展、安全可控的物联网发展格局
2013.2	《国务院关于推进物联网有序健康发展的指导意见》提出，到2015年，我国要实现物联网在经济社会重要领域的规模示范应用，突破一批核心技术，培育一批创新型中小企业，打造较完善的物联网产业链，初步形成满足物联网规模应用和产业化需求的标准体系，并建立健全物联网安全测评、风险评估、安全防范、应急处置等机制
2013.9	《物联网发展专项行动（2013—2015）》包含了顶层设计、标准制定、技术研发、应用推广、产业支撑、商业模式、安全保障、政府扶持、法律法规、人才培养10个专项行动计划
2016.3	《"十三五"规划》明确提出，实施"互联网+"行动计划，发展物联网技术和应用，发展分享经济，促进互联网和经济社会融合发展

1. 工业物联网培育制造业发展新动能

制造业是国民经济的主体，也是推进供给侧结构性改革的主战场，物联网的融合渗透将有力推动制造业的技术进步、效率提升和组织变革。我国正在组织实施《中国制造2025》，将智能制造作为主攻方向，推动制造业与互联网融合发展，通过物联网等新技术在企业研发、制造、管理、服务等全流程的集成应用，提升生产效率和产品质量，提高制造业供给结构的适应性和灵活性，努力实现制造业的"数字化、网络化和智能化"。2016年2月1日，在工业和信息化部指导下，中国信息通信研究院联合制造业、通信业、互联网等行业的多家企业共同发起成立了工业互联网产业联盟，通过联盟加强产学研用协作，加快推进工业互联网发展。截至2017年年底，联盟会员数量突破400家，设立了"8+8"组织架构，分别从产业需求、技术标准、应用推广、安全保障、国际合作等方面开展工作，发布了多项研究成果，推动工业互联网产业应用实践取得实质性进展。

2. 市政物联网助力新型智慧城市发展

新型城镇化推动智慧城市步入实质建设阶段，感知设施统筹集约部署和物联网数据开放共享成为发展重点，并成为新型城镇化建设的重要方向之一。根据国家相关部委推进智慧城市建设部署，以及各地方政府的安排，截至 2017 年年底，我国在建智慧城市的数量超过 500 个。目前，已有超过 300 个城市和三大运营商签署了智慧城市建设协议，并有 290 个城市入选国家智慧城市试点。业内预测，随着各地智慧城市建设提速，相关市场规模将有望扩容至千亿元，甚至万亿元级别。作为承建智慧城市的主力，三大运营商将在这一领域与潜在竞争者展开激烈竞争。自从智慧城市概念提出以来，各地建设热情不断高涨。梳理各地政府工作报告和“十三五”规划还发现，截至 2016 年 6 月，我国 95% 的副省级城市、76% 的地级城市，均在政府工作报告或“十三五”规划中明确提出正在建设智慧城市。以航天十二院为例，在长期支撑航天重大任务的过程中，具备了“空天地海”一体化的信息集成能力和卫星导航、遥感、通信综合应用能力，积极推进智慧城市、智慧园区等建设，面向宁夏、安徽、山东等地的需求，推动了安监、环保、政务、应急等多个领域治理模式的创新，形成网信技术应用新模式。

3. 终端智能设施设备改善人机交互

物联网技术发展和消费升级带动终端产品智能化趋势加速，逐步形成规模化产品体系。终端产品以微处理 + 连接芯片为底层元器件架构，芯片、通信技术、智能传感器等端侧物联网技术推动其感知和连接能力不断提升。物联网平台兴起，为数据变现提供基础，促进终端产品的数据分析、人机交互能力升级发展。物联网技术发展与消费品行业跨界融合，为终端智能化带来条件，新产品、新应用不断涌现，智能硬件等新型物联网终端出现多个10亿元以上规模产品，并初步形成智能穿戴设备、智能服务机器人、智能车载设备等规模化产品领域。目前我国部分产品增长速度快于全球，预计至2020年我国智能硬件产品和服务的总体市场规模可达万亿元水平。在智能穿戴设备、智能无人机等领域中已经出现世界领先龙头企业，如大疆科技占据全球无人机市场70%以上的份额。

（二）物联网产业关键支撑能力逐步提升

1. 持续引领全球NB－IOT标准及产业发展

NB－IOT是面向低功耗、广覆盖的全球统一标准，可依托现有蜂窝网络快速构建低成本、全覆盖的物联网，服务众多行业领域，有力支撑互联网＋。华为、中兴、大唐等企业正在逐步形成包括芯片、模组、终端、核心网在内的各环节的设备生产和网络建设能力。我国运营商均提出了各自NB－IOT的商用计划，围绕NB－IOT的产品的生产和商业化正在加速发展。中国联通2016年在上海迪士尼园区通过NB－IOT部署丰富的物联网业务，在900MHz频点频段部署了10个室外站点覆盖整个园区，并且于2016年6月开通全部站点。通过NB－IOT网络，在园区内提供智能停车、智能水表业务，后续将拓展到环境监控、人流管理等业务。中国移动在福州、杭州等地开展智能水表、智能停车等业务，中国电信也在深圳开展智能水表等业务，并在2017全面开通NB－

IOT 业务。

2. 国内企业继续保持新型轻量级操作系统研发优势

当前我国物联网操作系统在不同领域发展存在较大差异。在智能家居领域，庆科 mic 与阿里 YunOS 发展较好，联合底层硬件提供商、家电整机厂商等初步构建了自主生态体系。阿里云以 YunOS 和云平台为核心，在兼容所有主流移动芯片架构、MCU 平台的基础上，采用组建商业联盟、开放运营模式、创新产品服务策略打通智能家居等多个终端领域，并通过应用预装、大数据精准营销等手段形成良性的利益分成机制。目前阿里云与超过 40 家硬件厂商建立合作关系，推出较多成熟的智能家居产品，并取得较好的应用效果。在机器人领域，人工智能创业团队图灵机器人发布机器人专用操作系统 Turing OS，拥有 10 万名合作伙伴接入，累计响应超过 1 300 亿次请求。在车载电子领域，wince、QNX 和安卓占据大部分市场份额，但本土企业尚未推出成型产品。

3. 本土传感器产业链趋于完备

在物联网应用的驱动下，2015 年我国传感器市场规模达 1 100 亿元，预计到 2020 年将达到 2 115 亿元，年复合增长率达到 14%。目前我国面向物联网应用的传感器已基本覆盖运动、环境、光学等几个大类、数十个小类，涌现出以歌尔声学、瑞声科技、格科微、豪威科技、美新半导体、明揺科技、敏芯微电子等为代表的国际知名厂商。伴随中芯国际、华润上华、晶方、长电等传统半导体制造封测厂商的进入，以及传感器公共服务平台的快速发展，我国传感器产业创新体系逐步完善，产业组织模式加速向专业化分工的虚拟 IDM 模式转移。本土厂商开始由分立器件生产商向系统化解决方案提供商转型。为满足物联网灵活、智能、集成化发展需求，提升传感器产品附加值，本土厂商持续强化集成方案提供能力，如瑞声科技整合包括声学（扬声器、麦克风）、光学（摄像头、VCM、镜头）等多种传感器以及多种数据融合处理算法在内的智能终端一体化解决方案，帮助厂商快速形成产品推向市场；明搞科技推出集成陀螺仪、三轴加速度计等传感器、微处理器，以及具有自主纠错算法的扫地机器人导航模块，并实现即插即用，可助力整机厂商加快产品上市进程。

（三）国际竞争促使我国物联网产业迈向新阶段

全球产业界高度重视物联网平台化趋势，正加快构建将系统提供商、开发者、设备制造商乃至用户等多个环节紧密耦合的生态体系，国际产业生态竞争日趋激烈。在这种形势下，我国物联网也正加速从单点发力向生态体系的构建转变。

1. 行业巨头加快向平台化服务转型

制造业等传统行业巨头相继推出物联网平台，发挥带动作用实现行业资源和能力的开放共享，推动行业整体创新发展。海尔作为家电巨头推出 U + 平台，与上百家企业展开合作，实现不同品类、品牌的产品或服务互联，目前接入自有和第三方智能家电和硬件产品已达百万级，类别超过 120 个。基于每日超过 1 亿条的设备上报数据，U + 平台开展大数据分析，例如与江苏电网居民能效系统对接实现空调负荷需求响应管理，取得突出经济社会效益。三一重工内部物联网平台 8 年间已积累 23 万台设备实时运行数据和 5 000 多种参数，近期将推出对外开放的树根互联平台，以实现服务、制造、研发、信用控制等价值共享。华为打造 OceanConnect 平台作为其“1 +2 +1”物联网战略的重要组成，依托平台强大的开放与集成能力，面向家居、车联网和城市治理等领域构建产业生态。

2. 物移加速融合持续催生产业合作新生态

“以连接为基础，以平台为核心，以方案为延伸”的发展思路已经成为我国电信运营商布局物联网的共识。物联网作为新一代信息技术的高度集成和综合运用，已成为全球新一轮科技革命与产业变革的核心驱动和经济社会绿色、智能、可持续发展的关键基础与重要引擎。国家“十三五”规划纲要明确提出“积极推进云计算和物联网发展，夯实互联网应用基础”和“实施农业物联网区域试验工程，推进农业物联网应用，提高农业智能化和精准化水平”，可见物联网已成为行业应用的基础，并开始向各行业加速渗透，融合集成创新能力愈发强大。移动互联网的高速发展，带动物联网应用快速发展，创新成果不断呈现，物移融合将成为ICT产业发展的重大方向，未来在车联网、智能家居、医疗健康、智能可穿戴设备等重点消费领域，融入移动互联网创新元素，不仅可能催生一系列新产品、新服务和新业态，同时会开辟巨大的产业提升空间，对于提振物联网产业活力至关重要。因此，“十三五”时期，需要物联网企业发挥技术创新、业务创新、模式创新和集成创新能力，培育新模式新业态，在工业制造和现代农业等传统行业领域，车联网、智能家居和医疗健康等消费民生领域，推广特色应用。

3. 物物互联不断开拓智慧城市发展新空间

依托我国互联网产业取得的巨大进步，互联网企业在可穿戴、智能硬件、车联网等领域和大数据处理、云平台、操作系统技术等方面均有着自身优势。我国互联网企业充分利用自身优势，积极布局物联网生态，探索新的市场机遇。目前，以 BAT 为代表的领先的互联网企业均部署了各自的物联网平台，意图打造物联网生态。百度推出了物联网接入平台IOT Hub，阿里开发了云物联网套件，腾讯发布QQ物联智能硬件开放平台，京东、360等企业也在开展物联网平台建设。同时，机智云、庆科等其他互联网企业也立足各自优势，积极构建物联网生态。从物联网应用领域来看，未来在城市用电平衡管理、水资源管理、消防设施管理、地下管网监测、危化品管理、节能环保等重点领域，将加强运用物联网技术实现自动感知和精细管理。在城市管理来看，感知设施的布局大幅提升城市运行监测能力，一方面有助于形成统一感知设备管理平台和城市级数据汇集和信息共享，另一方面可满足城市管理快速反应的内在要求，成为科学决策的智慧源泉。从未来发展来看，物联网将成为智慧城市的末梢神经，实现信息感知数据采集，而城市级物联网接入管理与数据汇聚平台将成为智慧城市的中枢神经系统。通过大力推广物联网在智慧城市领域的应用，将推动我国智慧城市建设和发展进入纵深阶段。

三、数字强军：军工大数据成为强军新动力

当前，以大数据、云计算、移动物联网等为代表的新一轮科技革命席卷全球，正在催生信息互通、资源共享、能力协同、开放合作的大数据时代来临。就我国而言，以2017年12月8日中共中央政治局就实施国家大数据战略进行第二次集体学习为标志，实施国家大数据战略，加快完善数字基础设施，推进数据资源整合和开放共享，保障数据安全，加快建设数字中国，更好服务我国经济社会发展和国防军事安全成为新的时代课题。

（一）中国大数据产业发展保持高速增长

2017年初，工业和信息化部在印发的《大数据产业发展规划

（2016—2020 年）》中提出，到 2020 年，技术先进、应用繁荣、保障有力的大数据产业体系将基本形成，大数据相关产品和服务业务收入将突破 1 万亿元。国家已经通过“863 计划”和核高基、物联网“十三五”发展规划及 2015 年发布的《促进大数据发展行动纲要》等，开展了大数据技术有关的研究。2017 年，随着《国务院关于深化制造业与互联网融合发展的指导意见》《大数据产业发展规划（2016—2020 年）》《智能制造发展规划（2016—2020 年）》等政策规划的落地实施，我国大数据产业正处于高速发展期，多种商业模式得到市场印证，新产品和服务不断推出，细分市场走向差异化竞争。在全球七大重点领域内（包括教育、交通、消费、电力、能源、大健康以及金融），大数据的应用价值预计在 32 200 亿 ~53 900 亿美元之间。就总体而言，大数据产品还属于比较新颖的概念，并且仍有一些技术上的难题和障碍。从产品生命周期来看，中国仍处于大数据时代的初创期。根据 SNS 研究部门的一项新报告《大数据市场：2017—2030 年：机遇、挑战、战略、行业纵向和预测》，大数据解决方案的投资预计将在未来四年内以约 10% 的年均复合增长率增长，大数据投资在 2017 年达到 570 亿美元，到 2020 年底达到 760 亿美元。另据前瞻产业研究院发布的《中国大数据产业发展前景与投资战略规划分析报告》数据统计，2016 年全球大数据市场规模达到 281 亿美元，同比增长 22%，其中，硬件、软件和服务所产生的收入分别为 83 亿美元、91 亿美元、107 亿美元，占比分别为 30%、32% 和 38%。数据显示，2014 年中国大数据产业规模为 1 038 亿元，2015 年产业整体规模达到 1 692 亿元，2016 年产业整体规模达到 2 453 亿元。随着大数据应用范围的不断扩大，大数据所形成的价值正在快速提升。随着互联网和信息产业的快速发展，大数据应用市场不断扩大，大数据作为国家战略，在推动我国经济转型升级过程中发挥着关键作用，未来几年我国大数据产业仍将保持高速增长势头。

（二）军工大数据发展及应用前景广阔

互联网、物联网、云计算技术正在把人类社会带入一个大规模生产、分享和应用数据的大数据时代。大数据广泛应用于军事领域，正在成为推进军事转型和军队建设的强大动力。由于军工大数据具有涉及面广、种类多样、信息维度高、冗余度大等特点，分析处理难度远大于民用大数据，且战场机会稍纵即逝，军工大数据直接关乎国家的安全，是敌方窃取的重点，需要更安全高效的保障，因此，谁处理数据速度越快、指挥链越短，谁就越能更快地抢占先机，赢得战争的胜利。为此，军工大数据的应用前景主要有四个方面：

1. 人工智能和军工大数据融合加深

军工大数据的广泛深入应用，离不开机器学习、数据挖掘、模式识别、自然语言理解等人工智能技术清理数据、提升数据质量和实现数据分析的智能化，军工大数据的应用和安全保障都离不开人工智能技术，而人工智能的核心是数据支持，军工大数据反过来又促进人工智能技术的应用发展，两者的深度融合成为发展的必然趋势。

2. GIS 与军工大数据融合加深

2017 年 8 月 24 日，以“地理智慧，数据驱动”为主题的 2017 GIS 软件技术大会在北京国家会议中心召开。中国科学院院士徐冠华在开幕式上致辞指出，GIS 即将进入一个新的技术发展阶段，它将走向多维化、智能化和动态化。GIS 与大数据的融合对整个地学的发展意义重大，应用空间十分广阔，希望中国 GIS 能够成为中国基础软件的一面旗帜。工业和信息化部软件司司长谢少锋强调，地理信息行业与新兴领域的融合发展，已成为信息时代构筑地信发展新动能的重要基石。

3. 云平台成为军工大数据发展的主要方向

军工大数据云平台是推动军工大数据发展的重要抓手。传统的联网大数据处理方法、模型和工具难以直接使用，增加了军工大数据的技术壁垒，导致军工大数据解决方案非常昂贵，云平台的出现，为军队特别是各级任务部队随时、按需、高效地使用军工大数据技术和工具提供了便宜、可扩展、用户友好的解决方案，大大降低了军队使用军工大数据的门槛和成本。

4. 军工大数据融合将催生新的产业

除了云平台，新的大数据可视化和自动化软件也能大大简化军工大数据的数据处理、分析过程，打破了大数据专家和外行之间的壁垒。这些软件的出现使得任务部队可以自主利用军工大数据，做相对简单的军工大数据分析，以及外包复杂的军工大数据应用需求给专业大数据服务公司，从而催生新产业，包括军工大数据存储、清理、分析、可视化等相关的软件开发、外包服务等。

（三）大数据产业军民融合发展趋势良好

1. 建设先进完备的技术体系

从云计算和大数据的需求出发，围绕高端服务器系统，形成从CPU 芯片到整机技术，从操作系统到数据库、中间件和应用软件，从底至上、软硬一体的完备技术体系。各种核心技术互相支撑，开放兼容，破解国产核心技术生态系统薄弱、上下游不衔接的难题。

2. 形成良好的产业生态

以现今美国产业生态为例，Intel 和 AMD 专注于 CPU，微软和 Red Hat 专注于操作系统，Oracle 专注于数据库、中间件等基础软件，HP 和 Dell 等专注于整机，各 IT 巨头在特定领域持续投入，更加专注、专业的同时又互相协同、联合，最终构建成辐射全球的信息产业体系，这对我国产业生态的构建具有重要的借鉴意义。习近平总书记指出，在核心技术研发上，强强联合比单打独斗效果要好，要在这方面拿出些办法来，彻底摆脱部门利益和门户之见的束缚。也就是说，IT 企业不要偏大求全、试图上下游通吃，而要有重点地专注于特定核心技术，在特定领域各司其职，破除部门利益和门户之见，产生合力和协同效应。

3. 扶持壮大龙头企业

发展云计算与大数据核心技术，需要在国家战略层面扶持壮大龙头企业，以持续高投入攻克核心技术，在技术上达到世界领先，在市场上形成规模效益。龙头企业一定要先做强、再做大，在某一个产品方向或者专业领域做到全球领先。一个企业即使规模再大、市值再高，如果没有关键技术，核心软硬件就永远依赖外国，“命门”就永远在别人手中。此外，“市场换不来核心技术，有钱也买不来核心技术，必须靠自己研发、自己发展”。要抓住自主创新的牛鼻子，把发展的主动权牢牢掌握在自己手里，充分发挥龙头企业的作用。

4. 加强前沿和基础研究

核心技术的根源问题是基础研究问题，基础研究搞不好，应用技术就会成为无源之水、无本之木，做大做强信息产业必须加强面向信息通信技术领域的基础前沿技术研究。近年来，量子计算、生物计算、光子计算等前沿技术迅猛发展，必将成为引领信息技术发展的革命性力量。针对前沿技术，国家要发挥引导作用，企业和研究机构要提前布局、集中攻关，实现从跟跑并跑到并跑领跑的超越。

四、遥感天下：北斗导航产业化进程提速

2017 年 12 月，国务院办公厅发布的《关于推动国防科技工业军民融合深度发展的意见》，指出中国军民融合产业正由初步融合向深度融合过渡，并公布了太空、网络空间、海洋三大重点建设领域，同时指出应该扩大军工单位外部协作，以及引入社会资本参与军工企业股份制改造。这为我国在太空领域中，以遥感卫星为突破口，制定国家卫星遥感数据政策，促进军民卫星资源和卫星数据共享；在网络空间领域建设中，促进通信卫星等通信基础设施统筹建设，大力发展网络安全、电磁频谱资源管理等技术、产品和装备，推动天地一体化信息网络工程实施；在支撑海洋领域建设中，大力发展水下探测、信息传输与安全等技术，提高海洋综合感知能力，推动深海空间站、核动力海上浮动平台和深海大洋监测装备建设，提供了广阔前景。

（一）北斗应用推广与产业链发展迅猛

目前北斗已形成完整产业链，北斗在国家安全和重点领域标配化使用，在大众消费领域规模化应用，正在催生“北斗 +”融合应用新模式。北斗基础产品实现历史性跨越。国产北斗芯片实现规模化应用，工艺由 0. 35 微米提升到 28 纳米，最低单片价格仅 6 元，总体性能达到甚至优于国际同类产品。数据显示，目前国产北斗芯片累计销量突破 5 000 万片，高精度 OEM 板和接收机天线

已分别占国内市场份额的30%和90%。中国道路运输领域在危险品车、大客车、班线客车上都安装了北斗终端，大概有480万辆，并建成全球最大的北斗车联网平台。

北斗融合互联网还催生出新业态。如，北斗和云计算、大数据、互联网融合应用，形成了融合应用新模式（见图4－1）。5年来，国内从业企业超过1.4万家，从业人员超过45万人。国内卫星导航产业年产值年均增长率超过15%，2016年突破2 118亿元，北斗贡献率超过70%。产业规模已从2006年的127亿元增长到2016年的2 118亿元，10年增长超16倍。2017年中国国内卫星导航产业产值已超过2 500亿元。据测算，未来几年我国卫星导航产业规模年均复合增速有望达17%，到2020年，我国卫星导航产业规模要发展到4 000亿元以上。

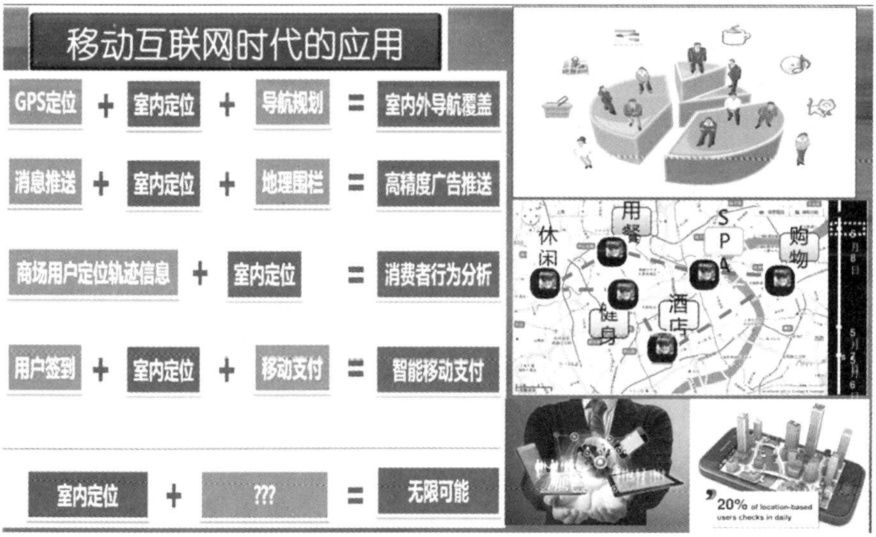

图4－1 “北斗＋互联网”应用新模式

（二）基于北斗的定位、导航与授时体系（PNT）发展趋势

《中国制造2025》中明确提出“发展新型卫星等空间平台与有

效载荷、空天地宽带互联网系统，形成长期持续稳定的卫星遥感、通信、导航等空间信息服务能力”。目前，北斗卫星导航系统作为全球四大导航系统之一，可为中国及亚太地区提供高精度、全天候的星基 PNT 服务。到 2020 年北斗全球系统将建成运行，系统服务的广度、深度和复杂度将大幅提高。目前，北斗产业已经成为国家经济转型、社会发展的重要支撑力量，相关技术已广泛应用于交通运输、农业、电力、金融、测绘和通信授时等领域。北斗室内外位置服务基础平台建设和应用示范、行业重大应用示范、区域重大应用示范被列为重点支持领域。

2014 年，北斗首获国际海事组织的认可，成为继美俄之后第三个全球卫星导航供应商。北斗系统广泛应用于交通运输、海洋渔业、水文监测、通信时通、电力调度等领域，带动升级了智能汽车、无人机、车联网、物联网等一批新兴产业。下一步，围绕建立我国 PNT 体系，北斗系统将与其他导航系统进行有机融合，逐步实现我国从“单一的 GPS 时代”转变为“多星座并存兼容的 GNSS/PNT 时代”，包括全球星座、区域星座及相关星基增强系统。从“以卫星导航为主”转变为“以星基 PNT 与民用移动通信/网络等多信息载体融合服务为主”，充分利用非卫星导航手段，如蜂窝移动通信（UMTS）网络、WIFI 网络、INTERNET 网络、惯性导航、伪卫星、无线电信标等，多手段集成，形成信息多源、精准和产业一体化服务模式。从“经销产品服务为主”逐步转变为“以运营服务为主”，进入应用规模化、服务大众化，形成以 GNSS 为主体的 PNT 应用服务体系，真正做到任何时候、任何地方、全时段全空间的无缝服务，实现产业的全球化、规范化和大众化发展。

国务院 2017 年 3 月 2 日发布《“十三五”现代综合交通运输体系发展规划》。该规划将“北斗卫星导航系统推广工程”列为交通运输智能化发展重点工程，它与“一带一路”建设、京津冀协同发展、长江经济带发展等规划相衔接。规划提出，到2020年，智能技术广泛应用，交通运输行业北斗卫星导航系统前装率和使用率显著提高。

2017年11月29日，中国卫星导航系统委员会主席王力与美国国务院助理副国务卿乔纳森·马戈利斯在北京举行中美卫星导航会晤。同时，中国卫星导航系统管理办公室主任冉承其与美国国务院空间和先进技术办公室副主任戴维·特纳签署了《北斗与GPS信号兼容与互操作联合声明》，提出北斗和GPS两套系统在国际电联（ITU）框架下实现射频兼容，实现民用信号互操作，并将持续开展兼容与互操作合作。中美卫星导航合作具有广阔前景，加强北斗与GPS系统间合作，将会带动诸多领域的创新发展，为全球用户带来更好的服务。

（三）基于北斗的全产业链应用市场巨大

作为国家战略新兴产业，北斗产业链覆盖了元器件供应商、产品制造商到集成商、运营商，产业链上游的技术将随着市场规模的扩大逐步向深层次发展，由此分化出更专业化的，拥有高、精、尖技术的龙头企业。从国家安全战略的角度出发，北斗导航应用产业可以形成独具中国特色的产业链。在行业市场、大众市场和特殊市场等三大应用市场方面，北斗技术正在深度和广度上快速推进。在抢险救灾、城镇供热、电力电网、养老关爱、智能交通等方面，特别是通过与物联网、区块链等技术的跨界融合，可在产品追溯、车联网、智慧燃气等领域具有广阔的应用空间。作为新一代信息通信技术高度集成和综合应用的典范，北斗系统正在与经济社会深度融合，深刻改变生产活动、社会管理、公共服务，能使可穿戴设备、智能家电、自动驾驶汽车、智能机器人等数以百亿计的新设备通过精准定位接入网络，也使得北斗＋物联网成为当今全球技术创新最活跃、应用空间最广阔的领域之一。另外，我国相继与俄罗斯、沙特等国签署了双边合作应用北斗系统的文件，北斗国际化工作取得初步成果。按照计划，到2018年，北斗系统率先完成“一带一路”沿途国家地区的信号覆盖。届时，北斗卫星导航产业将面临一个人口达44亿人、经济总量达21万亿美元的巨大市场。

五、攻防一体：网络安全产业生态加快整合

随着信息通信技术的演变和安全形势的复杂化，网络安全产业的范畴和内涵也在不断拓展，云计算、物联网、工业互联网等安全问题成为新的焦点。根据中国信息通信研究院测算，2016年，我国安全产业规模为344.09亿元，较2015年增长21.7%，2017年将达到457.13亿元。除市场规模外，产业格局、企业实力、产业环境、新兴技术等方面均取得积极进展。特别是西安、成都、深圳、上海、武汉等重点城市加快网络安全产业布局，产业集群效应逐渐显现。国内安全企业实力稳步提升，产业阵营不断扩大，互联网企业、传统通信企业、大型国企等成为安全圈重要成员。国内网络安全领域创投活动日渐活跃，产业基金顺势起航，为产业发展注入新活力。态势感知、虚拟化、人工智能等新技术与安全技术融合发展，推动安全技术创新突破。

（一）网络安全企业发展总体向好

1. 传统安全企业加速投资并购

近年来，我国网络安全产业规模高速扩张。2017年12月12

日，从工业和信息化部举办的首届中国网络安全产业高峰论坛上获悉，我国网络安全技术创新活跃、新产品新服务不断涌现、产业综合实力显著增强，2017年网络安全产业规模将达到457.13亿元。有研究预计2019年我国信息安全市场总体规模有望达到48.22亿美元。在投资并购领域，近年来，国内安全企业动作频繁。启明星辰通过斥资4亿余元收购书生电子、合众数据、安方高科等企业，弥补了市场空白，扩大了市场占有率，进一步提升了公司业务规模和盈利能力。绿盟科技以4.98亿元收购亿赛通100%股权，填补了在数据安全和网络内容安全管理领域的技术不足。同时，传统安全企业利用渠道优势不断丰富自身的产品线，如启明星辰、绿盟科技等安全厂商通过不断丰富自身的产品线，拥有横跨防火墙/UTM、入侵检测管理、网络审计、终端管理、加密认证等技术领域的产品，努力将自身打造成为安全领域的综合提供商。

2. 互联网龙头企业在安全领域加强布局

国内互联网龙头企业竞相在网络安全领域布局成为这几年网络安全产业领域的一个新现象。如阿里巴巴收购国内安全公司翰海源，增强阿里云的防护体系，并招募了国内外网络安全专家。腾讯成立了信息安全研究部门“玄武实验室”，投资安全公司知道创宇，并与启明星辰联手推出专门的企业安全产品。百度完成对安全宝的收购，加强云防护体系建设。奇虎360积极布局APT、态势感知领域，并在硅谷建立了风险投资公司，在生物识别、大数据、智能硬件、家庭安全应用等多个领域前瞻布局。为有效保护自身业务和生态伙伴的安全，互联网企业不断加大安全投入，建设一个更安全的互联网。

3. 小型企业日益聚焦细分专业领域

目前，国内小型安全企业纷纷发挥自身优势，走“以专补缺、以小补大、专精致胜”的成长之路。例如，部分企业专注于提供技术授权，面向其他安全厂商提供杀毒引擎等。部分企业在运营商、金融等领域深耕，贴合该类市场特殊需求，定制产品和服务，并占据市场优势。也有一批新兴技术企业出现，提供 APT 攻击检测防御、安全威胁态势感知等高新技术。国内安全市场正呈现“百花齐放、百家争鸣”的态势。

（二）网络安全产业发展水平不断提升

我国网络安全技术在核心技术、防护技术和服务技术三方面不断实现新的突破。2016 年我国网络安全产业规模快速增长，增长幅度达到 21.7%，2017 年增长率将达到 32.85%。网络安全产业正由产品主导向服务主导转型，态势感知、监测预警、云安全服务等新业态层出不穷，网络安全技术密集化、产品平台化、产业服务化特征不断显现。其中，核心技术方面，逐步突破完整系统设计；高速信号仿真平台、板卡 Layout 等 CPU 核心技术和工程技术，已达到业界主流水平；芯片技术朝着标准化模式不断发展；操作系统在强制访问控制体制、可信计算技术支持等方面不断改进；安全计算机、数据库等其他安全信息技术产品也逐步实现技术突破。防护技术方面，不仅在传统的系统本身加固防护技术方面持续进步，也在包括网络安全管理、预警、防范、检测、响应和恢复在内的新型网络安全防范体系建设方面不断创新。服务技术方面，传统的监测及数据分析、渗透测试、数据内容保护技术和新型的聚合式服务模式均有一定发展。

我国安全信息技术产品、安全防护产品和安全服务产品逐步填补空白。安全信息技术产品方面已拥有中国科学院计算所的龙芯 CPU、国防科技大学的飞腾 CPU、原总参 56 所的申威 CPU 以及北京大学微处理器中心的众志 CPU 等，中标软的中标操作系统和国防科技大学的麒麟操作系统，以及武汉梦达数据库有限公司的达梦数据库和中国人民大学的金仓数据库等核心产品。网络安全防护方面，已拥有天融信擎天系列防火墙、绿盟 NSFOCUS NIDS 网络入侵检测系统等网络与边界安全类产品，金山毒霸反钓鱼系统、360 反钓鱼系统等终端与数字内容安全类产品，启明星辰天榕电子文档安全系统、绿盟网站安全监测系统等安全管理类产品，捷普网络脆弱性智能评估系统、亿赛通虚拟安全隔离管控系统等信息安全支撑工具。网络安全服务产品除了传统的信息安全资讯、评测、工程监理、运维等方面外，已逐步形成聚合式的服务产品。目前中国移动网络安全中心的“聚合服务平台”，将不同主题提供的业务与服务有机结合在一起，“一站式”地提供给客户，满足客户泛在化和一体化的需求。中电长城网际的“央企网络安全聚合服务平台”也将聚合式服务引入央企网络安全服务产品中。

六、智胜未来：人工智能产业方兴未艾

人工智能是引领性的战略性技术和新一轮产业变革的核心驱动力，世界上主要发达国家都从国家层面加强了对人工智能的战略安排、顶层设计和系统协调。比较而言，美国、英国政府注重人工智能的基础研究，日本、德国偏向从应用方面促进人工智能的发展。同时，各发达国家都重视完善和提升大数据、云计算等人工智能基础架构，积极抢占人工智能制高点。我国近几年人工智能发展突飞猛进，相关专利数量（2011—2016）年均增幅 43%，超过了美国的 21.7%。我国 2000 年至 2016 年产生的人工智能专利数已经超过美国，位居世界第一。但与发达国家相比，我国在核心技术上仍然有不小的差距。比如，人工智能研究最具影响力的高校 TOP30 排名中，美国有 22 家，我国高校无一上榜。在芯

片、算法等核心技术方面，我国仍需争取一席之地，亟待加强关键技术研发，打造产业核心竞争力。

（一）人工智能产业发展吸引大量资金投资

多年来，我国长期关注人工智能领域的基础研究和技术创新，先后通过“863”计划、科技支撑计划、国家重点研发计划等，积极推动人工智能技术及产业发展。据统计，我国在类脑智能、智能信息处理、智能人机交互等方向进行了重点研发布局，共支持项目 9 项，国拨经费总额达 3.9 亿元。通过重点任务部署，在脑机交互、中文语义信息处理、智能机器人仿生技术等领域取得重要突破，特别是在汉字识别、语音合成、语义理解、生物特征识别、机器翻译等方面保持国际先进水平。除技术和国家政策的支持外，国内互联网科技巨头也纷纷涉足人工智能领域。随着资本市场涌入大量资金，我国人工智能领域投融资热度快速升温。2012—2015 年期间，我国人工智能行业的投融资金额、次数及参与机构数量等均迅速增长，年增长率均超过 50%，2015 年人工智能行业的投资额已达到 2012 年的 23 倍，充分表明资本市场对人工智能发展前景的认可。自 2016 年起，人工智能领域建设已上升至国家战略层面，相关政策进入全面爆发期。2016 年 5 月，国家发展改革委员会在《“互联网 +”人工智能三年行动实施方案》中明确提出，到 2018 年国内要形成千亿元级的人工智能市场应用规模。

（二）人工智能产业应用场景广泛

2017 年年底，普华永道发布报告称，在人工智能技术推动下，2030 年全球 GDP 将增长 14%，其中，中国和北美地区有望成为人工智能最大受益者。在应用场景方面，中国将会成为最大的 AI 应用市场。目前，人工智能正加快走入社会经济生活，我国在人脸识别、人脸支付、语音识别、智能医疗、智能家居等领域应用发展迅速。安信证券表示，人工智能行业应用空间广，将率先在消费、金融、交通等行业涌现，市场规模具有足够想象空间。例如，百度携手南航将人脸识别技术落地南阳姜营机场，这是国内启用的首个人脸识别智能化登机系统。出门问问是国内智能语音领域软硬件联动和应用结合成熟的企业。科大讯飞在《麻省理工科技评论》2017 年度“全球 50 大最聪明公司榜单”中名列全球第六、中国第一，其翻译器克服了方言、俚语和背景杂音，可将汉语精准翻译成十几种语言。在人工智能商业化方面，我国人工智能 2.0 时代开启，企业商业化布局全面铺开，产业链创新活跃，创业企业融资额屡创新高。2017 商业新生态峰会公布的数据显示，过去一年，中国人工智能领域融资规模为 26 亿美元，成为全球人工智能领域第二大“吸金”地。此外，2017 年 7 月，我国《新一代人工智能发展规划》和重大项目规划发布，这是中国面向 2030 年的人工智能发展规划。规划主要内容为：加强人工智能能力建设；加快人工智能的成果向应用转化；强化政策储备，注重风险防范；加强国际合作，实现人工智能全球发展的统筹协调。业界预计，顶层设计出台意味着后续资金、人才、技术等投入将跟进，政策红利有望持续释放。我国作为全球人工智能领域发展较好的地区，无论是人工智能领域的基础层、技术层、应用层，还是人工智能的硬件产品、软件产品及服务，我国企业都有所涉及。特别是基础技术方面，近年来国内企业技术进步较大，为人工智能产业发展打下了坚实的基础。不仅如此，技术层和应用层的持续推进为人工智能产业发展提供了源源不断的动力，推动行业向更远更深的层次发展。

参考文献

[1] 中国网络空间研究院. 中国互联网发展报告（2017）［R］. 2017-11.

[2] 中国信息通信研究院. 中国数字经济发展白皮书（2017）［R］. 2017-07.

[3] 中国信息通信研究院. 中国大数据发展调查报告（2017）［R］. 2017-03.

[4] 蓝海长青科技发展. 2017 年度美国人工智能投资分析报告［OL/DB］. http://www.199it.com/archives/662731.html.

[4] 工业互联网产业联盟. 中国工业大数据技术与应用白皮书（2017）［R］. 2017-07.

[5] 大数据发展促进委员会电信工作组. 电信大数据应用白皮书（2017 年）［R］. 2017-03.

[6] 投中研究院. 2017 年中国军民融合白皮书［R］. 2017-09.

[7] 艾媒咨询. 2017 年中国人工智能产业专题研究报告［OL/DB］. http://www.sohu.com/a/202936628_772387.

[8] 赛迪智库. 2017 年大数据产业发展呈六大趋势［OL/DB］. http://bigdata.51cto.com/art/201703/533452.htm.

[9] 工信部权威发布：2017 年中国软件业务百强［OL/DB］. http://baijiahao.baidu.com/s?id=1577886062881199758&wfr=spider&for=pc.

[10] 曾开祥. 深入贯彻军民融合发展战略　开创工信领域军民融合深度发展新局面［OL/DB］. http://www.gsdrc.gov.cn/content/2017-10/40206.html.

[11] 任宏军. 开拓创新　推进国防科技工业军民融合深度发展［OL/

DB]. [2017 - 12 - 24]. https://mp.weixin.qq.com/s? _ _ biz = MzI3NzI2ODM0NA = = &mid = 2247485737&idx = 1&sn = 1489328f7f1a460a2eb3b0983b1a8523##.

[12] 王坚. 数据资源时代对现有信息技术平台的挑战及对策 [OL/DB]. [2017 - 12 - 27]. http://www.sohu.com/a/196815691_802190.

[13] 马化腾. 七大关键词展望“数字生态共同体” [OL/DB]. [2017 - 12 - 25]. http://baijiahao.baidu.com/s? id = 1583144855059321343&wfr = spider&for = pc.

[14] 王恩东. 加快建设网络强国 促进云计算和大数据产业发展 [OL/DB]. [2017 - 12 - 25]. http://scitech.people.com.cn/n1/2016/0809/c1007 - 28620849.html.

[15] 刘多. 网络安全产业发展现状与展望 [OL/DB]. [2017 - 12 - 25]. http://baijiahao.baidu.com/s? id = 1586671674580642241&wfr = spider&for = pc.

[16] 韩健. 2017 年大数据产业发展呈六大趋势 [OL/DB]. [2017 - 12 - 25]. http: //www.cnii.com.cn/Bigdata/2017 - 03/02/content _ 1826793.htm.

[17] 彭赛琼. 中国人工智能崛起, BAT 领头, 百花齐放 [OL/DB]. [2017 - 12 - 25]. http://baijiahao.baidu.com/s? id = 1578960112931755478&wfr = spider&for = pc.

[18] 王莉. 人工智能在军事领域的渗透与应用思考 [OL/DB]. [2017 - 12 - 25]. http://ai.51cto.com/art/201709/551679.htm.

[19] 耿贵宁, 张晓宇. 军民融合的网络安全体系研究 [OL/DB]. [2017 - 12 - 23]. http://www.360doc.com/content/16/1009/10/719224_ 596892541.shtml.

[20] 陆峰. 我国网络空间面临的风险和挑战 [OL/DB]. [2017 - 12 - 27]. http: //m. sohu. com/a/202024600_ 465915.
[21] 顾升高. “星融网” 体系结构与核心技术初探 [OL/DB]. [2017 - 12 - 25]. https: //mp. weixin. qq. com/s? _ _ biz = MzA5MDg1MDUyMA = = &mid = 201712200841353030&idx = 1&sn = b8a6b5b8c09cfd200b8aac6e7b58890e.
[22] 胡志蕊, 谢金石, 胡彩波, 谭红力. 构建基于北斗的中国国家 PNT 体系 [OL/DB]. [2017 - 12 - 23]. http: //mp. weixin. qq. com/s/Ctz - KhWSszAK0 - bZPwcM2A.
[23] 电科防务研究. 大数据在军事应用中的巨大收益 [OL/DB]. [2017 - 12 - 24]. https: //mp. weixin. qq. com/s? _ _ biz = MzAwMDE3MzgxMQ = = &mid = 2654115325&idx = 1&sn = c2cba387e973cfb39263c587d5ac6a22.
[24] 冯福章. 军工行业: 国防信息化大潮涌动　万亿市场百舸争流 [OL/DB]. [2017 - 12 - 28]. http: //www. 3mbang. com/p - 102048. html.
[25] 李超, 田上成, 喻夏琼. 大数据对未来战争的影响初探 [OL/DB]. [2017 - 12 - 22]. https: //mp. weixin. qq. com/s? _ _ biz = MzI3NzI2ODM0NA = = &mid = ba1c7f2f9aeee27cd0746fb0d12b7802&idx = 1&sn = b8a6b5b8c09cfd200b8aac6e7b58890e.
[26] 王凤岭. 军用大数据: 深化军事改革的强大动力 [OL/DB]. [2017 - 12 - 27]. https: //weibo. com/ttarticle/p/show? id = 2309404140743705945063#_ 0.
[27] 耿贵宁, 张晓宇. 军民融合的网络安全体系研究 [OL/DB]. [2017 - 12 - 25]. http: //www. 360doc. com/content/16/1009/10/719224_ 596892541. shtml.
[28] 2017 GIS 软件技术大会在京举办 [J]. 网信军民融合, 2017

(9).
[29] 中国北斗正式兼容美国 GPS 信号 [J]. 网信军民融合，2017 (12).
[30] 国家全面启动新一代人工智能发展规划暨重大科技项目 [J]. 网信军民融合，2017 (11).
[31] 姚建铨. 我国发展物联网的战略意义 [J]. 网信军民融合，2017 (8).
[32] 中共中央网络安全和信息化领导小组办公室网站，网址 http：//www. cac. gov. cn。
[33] 中国互联网络信息中心网站，网址 http：//www. cnnic. cn/。
[34] 中国互联网数据平台网站，网址 http：//www. cnidp. cn/。
[35] 国家军民融合公共服务平台网站，网址 http：//jmjh. miit. gov. cn/。
[36] 军民融合网网站，网址 http：//www. jmrh. cn/。
[37] 国防工业企业军民融合产业联盟网站，网址 http：//www. dmciia. com/。
[38] 全军武器装备采购信息网网站，网址 http：//www. weain. mil. cn/。

第五部分

技术篇

网信技术是推动经济建设和国防建设同步发展的基础要素，也是促进军民深度融合的重要手段。当前，中国正处于迈向网络强国的历史阶段，努力抓住第四轮工业革命的重要机遇，人工智能、云计算、大数据等领域推动实施军民融合，在政策法律、体制机制、筹划设计、组织实施、成果转化和应用等方面，推进军民联合技术攻关、示范应用和产业发展。网信技术军民融合，旨在推动军民科技基础要素融合，加快网络信息技术自主创新，构建网信核心技术体系，促进颠覆性技术发展，提升网络安全和信息化发展能力，为建设网络强国和促进信息化发展提供强有力的支撑。

一、固本强基：筑牢网络强国强军发展根基

网信技术是以现代通信、网络、数据库和网络安全等技术为基础的综合技术，属于军民两用技术，是国家综合竞争力的重要组成部分，是网络信息时代富国强军的重要基础。网信技术已经成为大国竞争的战略制高点，世界各国在积极发展前沿技术的同时，加强对基础技术的投入和研究，为下一步网信技术跃升打牢基础。人工智能、大数据、云计算、物联网等网信技术正在构建新一代信息基础设施，这些前沿技术的持续发展需要有宽广而深厚的基础技术强力支撑。网信技术的军民融合正在深入开展，现代通信技术是军民融合项目最多、融合前景最好的一类技术，数据库技术、互联网技术和网络安全技术融合都取得了一定的进步。

（一）现代通信技术深度融合，军民成果转化效益显著

目前，军民融合结合较为紧密的现代通信技术是信息传递技术，主要有光纤通信、卫星通信、移动通信、数字微波通信等。我国军地现代通信技术基础好、学科种类齐全、技术成果丰硕，在多类技术上达到世界先进水平，少数技术已经达到世界领先水平。

光纤通信方面，军转民技术设备有光纤声光移频调制器、多路并行光收发模块、射频信号光传输设备、高性能微通道板型光电倍增管产业化；民转军技术有 3U 光模块接口板等。解放军信息工程大学面向可见光通信应用需求，先后申请专利 110 项，研发成功 12 类产品或应用示范系统，正在向民用转化。中国电子科技集团公司第 34 研究所研发的射频信号光传输设备，采用光纤射频传输技术和失真消减技术，实现模拟射频信号长距离、大动态、低噪

声传输。通过在军用市场多年的实用，在技术上已经可以与国外的设备竞争，并通过民用转化，实现推广应用。

卫星通信方面，军转民技术有双频段遥感卫星数据接收系统、多星体制兼容定位导航系统、基于 DVB 新协议簇的卫星通信系统技术等；民转军技术有卫星通信电话等，可用于海洋气象预报、防灾减灾、农业估产等用途。以基于 DVB 新协议簇的卫星通信系统技术为例，该技术由中国航天科技集团公司第五研究院航天恒星科技有限公司研发，可为各行业的应急通信提供大范围、全时空、高可靠的保障，已达到国际先进水平。基于 DVB 新协议簇的卫星通信系统是双向、宽带按需分配的 VSAT 宽带卫星通信系统，其设计兼顾网络速率和效率，将宽带前向信道和高速回传信道相结合，满足基于地球静止轨道卫星的宽带 IP 数据通信需求。

移动通信方面，有智能移动终端用声表面波滤波器、高性能多功能矢量网络分析仪、移动应急指挥通信系统、手持式超短波跳频电台、电磁兼容测试宽带功率放大器、无线信号检测测向系统的关键技术、并行数字信号处理器等。其中，智能移动终端用声表面波滤波器技术是应用前景较广的项目，该技术由中国电子科技集团公司第 26 研究所研发，是当今智能手机中关键信息处理器件。预计可带来 6 亿 ~8 亿元销售收入，利润可达 10% ~15%，打破了国外垄断，带来了良好的社会效益与经济效益。

其他通信技术方面，有 Mach - Zehnder 偏振分束干涉仪、低频应急通信、水声通信技术、高精度转换器技术等，在多个领域有广泛应用。如中国船舶重工集团第 722 研究所的低频应急通信技术，依托该所在军用低频应急通信相关科技成果，进行科技创新和成果转化，研制民用低频应急通信系统，已经攻克和掌握了电磁波透岩传播理论、噪声研究与处理、低频通信体制、低频发射和接收天线的研究和设计、煤炭等环境下设备的本质安全设计、设备小型化和低功耗等相关技术，可快速地将技术转化。

通信技术的发展趋势是数字化、综合化、融合化、宽带化。通信技术的发展还取决于光纤通信技术、卫星通信技术、移动通信技术，以及在数字微波通信技术的创新发展和相关联技术的进步。在军用通信方面，毫米波卫星通信和军民两用的5G技术应是今后主要的发展方向。

（二）互联网技术发展迅速，提升军地信息化水平

互联网技术有着广泛的军事运用，是军队信息化应用的关键技术之一。军用互联网是构成军用网络的骨干，目前最具代表性的是美军全力打造的全球信息栅格（GIG）。全球性的信息栅格系统与因特网很相似，也是一个由大量计算机和计算机网络相连接而成的全球分布同性系统，也是将不同的网络通过网络协议（TCP/IP）和通用的地址体系（IP地址），采用自由、开放的网络组织方式实现互联互通。

目前，军队通过引入国际互联网技术，使得军队信息化水平稳步提升。从近年的《军用技术转民用推广目录》《民参军技术与产品推荐目录》《国防科技工业知识产权转化目录》来看，互联网技术军民融合近年发展迅速，取得了一定进展。主要的军民融合项目有北京交通大学的IPv6无线/移动路由器、南京航空航天大学的多核系统片上网络设计与验证技术、山东英特力数据技术有限公司的英睿自主安全高性能服务器系统、河北中科恒运软件科技股份有限公司的智能设备网管软件等。其中，英睿自主安全高性能服务器系统是国际领先的服务器系统，具有自主、安全、高性能等特点，支持PCL－3.0接口，提供超过500Gb/s的I/O带宽；支持RAID0/1/2/3/50/60；整合多种加速器，包括加密、内存扩展、

事务性内存、VMM 虚拟机管理器助手、数据转移和虚拟机移动，SMP 互联 CAPI（一致性加速处理器接口）。多核系统片上网络设计与验证技术平台已广泛投入运用，应用于航空无线电电子研究所基于时间触发的分布式综合模块化航电系统、中航工业 607 所 SAR 成像专用多核加速器、兵器工业 203 所弹载多核系统集成 SoC、兵器工业 206 所相控阵天线系统、航天微电子研究所空间多核处理器、中船重工 724 所超高速信号和信息处理系统等的研制中。还有可应用于国防军事领域中的电子控制系统集成，如高性能计算、消费类电子、信息安全领域的通用多核处理器芯片、图形处理器、智能手机芯片、安全密码设备等研制。

2017 年 11 月，中办国办印发《推进互联网协议第六版（IPv6）规模部署行动计划》，指出加快推进基于 IPv6 的下一代互联网规模工作，为军民协同创新指出了方向。IPv4 和 IPv6 的主要差异对比如表 5－1 所示。行动计划指出，到 2018 年年末，国内 IPv6 活跃用户数要达到 2 亿，2020 年末达到 5 亿，2025 年年末中国 IPv6 规模要达到世界第一。军民协同创新，大力发展基于 IPv6 的下一代互联网，有助于提升我国网络信息技术自主创新能力和高端产业发展水平，有力支撑移动互联网、物联网、工业互联网、云计算、大数据、人工智能等新兴领域快速发展。

表 5－1 IPv4 和 IPv6 的主要差异对比

IPv4	IPv6
源和目的地址长度是 32 位（4 字节）	源和目的地址长度是 128 位（16 字节）；支持更多层次的寻址水平，更大的可寻址节点数以及更简单的地址自动配置
对 IPsec 的支持是可选的	对 IPsec 的支持是必需的
路由器依靠 IPv4 报头不能识别数据流来实现 QoS	IPv6 报头包含了流标记字段，路由器可以通过该标记字段实施 QoS

续表

IPv4	IPv6
路由器和发送主机都会产生数据包碎片	发送主机会产生数据包碎片，但路由器不会产生数据包碎片（RFC2460）
报头包含校验和	报头没有包含校验和
报头包含可选项数据域	所有的可选项数据都在 IPv6 的扩展头中
地址解析协议（ARP）使用广播 ARP 请求帧将 IP 地址解析为链路层地址	通过多播邻居请求消息将 IP 地址解析为链路层地址
Internet 组管理协议（IGMP）管理本地子网组中成员	多播监听发现协议（MLD）管理本地子网中的成员
使用 ICMP 路由发展协议确定 IPv4 地址的最佳默认网关（可选）	使用 ICMPv6 路由请求协议和路由广告消息确定 IP 地址的最佳默认关卡（必选）
使用广播地址发送数据到子网的所有节点	使用本地链路发送到所有节点的多播地址
网络主机必须通过手工或 DHCP 配置	IPv6 协议中的自动配置功能，网络主机无须采用 DHCP 配置或手工配置方式
使用 DNS 中的主机地址（A）资源记录将主机名映射到 IPv4 地址	使用 DNS 中的主机地址（AAAA）资源记录将主机名映射到 IPv6 的地址
必须支持 576 字节包大小（可能会产生碎片）	必须支持 1280 字节包大小（不会产生碎片）

（三）数据库技术以关系性架构为基础，融合发展空间巨大

大数据时代下，数据库技术军民融合是近年的发展重点之一。《军用技术转民用推广目录》《民参军技术与产品推荐目录》等文件中，军转民的数据库技术有核工业北京地质研究院的地质数据管理与预测评价系统、中国航空工业集团公司成都飞机工业（集团）有限责任公司的基于工作流的全生命周期合同管控技术，军转军的数据库技术有河北中科恒运软件科技股份有限公司的资产管理系统、北京航天光华电子技术有限公司的产品数据包管理系

统、华胜信泰信息产业发展有限公司的 Toprow 数据库软件，提出军民融合需求的有多目标移动武器装备平台、复杂装备实时监控与健康状态管理系统（E－Hospital）等。其中，ToprowDB 是基于云计算、大数据理念与技术，自主设计并研发的“自主可控、安全可信、高效可用”的高性能数据库软件产品，可以同时支持 Unix、Linux 和 Windows 平台，该产品基于模块化设计架构，支持轻量化缩减，可在极小资源消耗下，独立、快速嵌入物联网设备。核心数据引擎具备支撑企业级数据库应用的能力，产品本身提供计算容量横向扩展能力、高可用和容灾功能。地质数据管理与预测评价系统是集成数据管理和应用为一体，兼顾图件空间数据和非空间数据存储，具有专业特色的 GIS 应用系统软件，涵盖了典型铀矿床地质建模及全国铀矿资源潜力评价成果的数据库。

值得注意的是，目前军民融合的数据库技术水平基本都处于国内领先水平，从国际领先、国际先进、国内领先、国内先进四个层次划分来看，我国数据库技术发展还任重道远，国产数据库的品牌和成熟度与 Oracle 或 Mysql 等主流数据库相比还有一段距离。但是随着大数据技术的发展，用户对数据安全的关注已经上升到一个新的高度，国产数据库开始走进中国政府、军队和国企。在国家政策的支持和国内市场的带动下，国产数据库将会实现超越。

（四）网络安全技术重视硬件设备，软件防护有待加强

随着网络应用的拓展，网络安全威胁不断增加，网络安全技术也飞速发展，从近年的《军用技术转民用推广目录》《国防科技工业知识产权转化目录》等来看，网络安全技术军民融合取得很大进展，主要融合项目有电子签章平台、安全网络芯片、航盾信息安全产品、自主可控机架式网络交换机、工控网络安全威胁评估平台、工控网络安全数控审计保护平台、嵌入式防火墙系统、

KILL 过滤网关—防火墙等。其中，哈尔滨工程大学的安全网络芯片是在现有的网络芯片的基础上，研发的具有网络接入控制、网络态势感知、数据传输加密功能的安全网络芯片。该芯片可将现有的“先接入后认证”的网络接入机制动态地变换为“先认证后接入”，实现网络静默，可有效防御网络侦测与网络嗅探；在链路层实现与协议无关的网络帧结构重构，利用帧结构重构技术和链路层数据加密技术解决数据旁路导致的泄密问题；网络态势感知机制能实时对网络设备接入状态、网络数据访问状态进行实时监控。其主要应用于电子政务、军队指挥、央企（电力、能源、金融、交通等）等国计民生领域。安全网络芯片可部署至计算机终端、服务器、网络设备构成安全计算设备，应用到国家关键领域，如天网、军队、政府、“一带一路”等。

中国电子科技集团公司成都三零盛安信息系统有限公司的密信通安全即时通信系统，全面考虑即时通信系统安全特性，严格按照分级保护要求，遵循涉密信息系统安全原则，在即时通信协议的基础上，采用基于 SSL/TLS 的双向认证、传输加密技术、基于 PKI 体系的数据加密技术、文件密级标识技术，从身份认证、密级标识、流向控制、传输加密等多方面出发，坚持以信息安全为保障，提供安全鉴别、访问控制、数据保密、文件追踪和日志审计等安全服务，实现具有“进不来”“拿不走”“看不懂”“改不了”“跑不掉”特性的安全即时通信系统，提供高效、简捷、易用的安全即时通信平台，为具有高保密要求的政府机关、军工行业、科研院所、金融行业等提供全方位、全生命周期的安全防护，适用于党政、军工、科研院所、金融行业等涉及国家秘密和商业秘密的单位。目前系统已进入成熟应用阶段，并在部分军工和政府机构成功使用，未来前景广阔。

目前，云计算、大数据、物联网等信息技术应用的安全领域是发展重点，而量子密码则是具有革命性、颠覆性的网络安全技术。现在的量子密码术仅限在地区性的网路上，量子加密术运用许多先进的技术，但其中有些技术仍然停留在理论阶段和实验室阶段，需要军地合作，突破关键技术并推广应用。

二、自主可控：强力突破“心”与“芯”发展瓶颈

网信技术可以归纳为硬件技术和软件技术两大类，其中集成电路技术和操作系统开发技术是这两大类技术的核心，而大规模与超大规模集成电路技术和终端操作系统的开发技术又是这两项技术中的核心。美国能够引领世界网络信息技术发展，一个重要原因是掌握了大规模与超大规模集成电路技术、终端操作系统开发等技术。目前，通过军地合作，协同创新，中国在这两大类技术方面也取得了一些成果，但是与美国相比仍有差距。

（一）集成电路技术成为信息化的基础支撑，成为装备智能化的重中之重

集成电路技术军民融合主要体现在嵌入式 CPU 关键技术领域，中国电子科技集团公司第 32 研究所开发的军民融合项目“高性能低功耗嵌入式 CPU 的关键技术”，已完成自主指令架构的嵌入式 CPU 核心设计，基于该核心开发了双核嵌入式 CPU 芯片样片，在嵌入式 CPU 的样机上完成对样片的功能、性能等全面的功能验证和技术指标测试，完成 Linux 和国产操作系统 ReWorks 的移植，进入规模化生产阶段。该嵌入式 CPU 可应用于工业机器人等高端工业控制装备领域。根据调研，该领域的需求量为 30 万片/年，质量等级要求中等，目前采购芯片的价格基本在 500 元左右，即该市场容量约 1.5 亿元/年。

中国电子科技集团公司第47所通过近年来的各类科研项目的研制，已经掌握了嵌入式32位高性能SoC设计的架构设计、系统级设计验证、系统互连、软硬件协同验证、物理设计、电路测试、应用验证等关键技术，搭建了SoC设计、软硬件协同验证、65nm物理设计、电路测试应用验证等技术平台，研制出嵌入式32位高性能SoC样品电路，开发出了演示验证系统，可根据用户需求进行不同功能的SoC电路研发。第47所开发的军民融合项目“嵌入式32位高性能SoC的关键技术”已申请7项发明专利，进入了试生产、应用开发阶段。其技术特点是处理器内核效率高，具有多指令执行的超标量体系结构，提供乱序猜测方式执行的8阶段管道设计，并且外设资源丰富，可为系统开发提供高效能、低功耗的核心处理器产品。

在桌面CPU研发技术方面，军民融合还在起步阶段，下阶段可以进行军民技术成果转化的主要集成电路技术有：一是中国科学院自主研发的具有自主架构指令集的龙芯，从实测数据来看，龙芯3A3000和3B3000这两款芯片的综合性能已经超越了Intel Atom系列和ARM系列CPU。二是SPARC架构的CPU。这一类CPU还没用在民用领域，大多用在航空航天领域，比如大家熟悉的神舟飞船，欧洲一些国家的航天器也采用此类CPU。三是x86授权的兆芯和ARM授权的华为的麒麟。2017年上海兆芯公司推出8核国产x86桌面CPU，内建集显、双通道DDR4，是国内首款支持双通道DDR4的通用处理器产品。在规格上，兆芯开先KX－5000系列国产x86处理器将提供4核和8核两种版本，基于28nm制造工艺。

总体而言，国产CPU确实取得了长足发展，但在核心竞争力方面依然比较弱，尤其是民用领域绝大部分依赖国外技术授权，在制造工艺上也受制于技术水平，与国外相比有较大的差距，是军民协同创新的重点领域。

（二）终端操作系统以开源系统为主，自主可控成为关注焦点

在操作系统上军民融合的代表是中标麒麟操作系统，中标麒麟操作系统来源于军用银河麒麟（Kylin）和民用的中标 Linux 操作系统合作的成果。银河麒麟操作系统是由国防科技大学研制的开源服务器操作系统，此操作系统是“863”计划重大攻关科研项目，目标是打破国外操作系统的垄断，研发具有中国自主知识产权的服务器操作系统。国防科技大学和中标软件有限公司缔结了战略合作协议，共同成立操作系统研发中心进行协同创新，开发军民两用操作系统，并在中标麒麟的统一品牌下，发布统一的操作系统产品。

中标麒麟操作系统针对 X86 及龙芯、申威、众志、飞腾等国产 CPU 平台进行自主开发，率先实现了对 X86 及国产 CPU 平台的支持。可以运行在台式机、笔记本、一体机、车载机等不同产品形态之上，在国防、政府、企业、电力和金融等各领域都得到了一定程度的应用。中标麒麟操作系统成功通过了多个国家权威部门的测评，为实现操作系统领域“自主可控”的战略目标做出了重大贡献，在国产操作系统领域市场占有率稳居第一。通过进一步对硬件外设的适配支持、对桌面应用的移植优化和对应用场景解决方案的构建，可以满足项目支撑、应用开发和系统定制的需求。

目前，《国防科技工业知识产权转化目录（第三批）》由国防科工局、国家知识产权局联合发布，目录推荐的产品基于国产硬件平台的中标麒麟高可信计算平台（含 5 项专利）。该平台相关专利在国产 CPU 硬件平台的基础上，提出了中标麒麟可信操作系统构建方法，用于开发具有可信启动、可信内核、可信管理以及可信应用的操作系统，可从长效机制和系统化层面上解决国防领域

和关键行业信息系统基础软硬件平台自主可控、安全可靠的问题。基于相关专利开发的中标麒麟高可信计算平台，主要技术特点有：一是可提升信息系统安全防护能力；二是可信技术在硬件和软件两方面基于国产平台；三是为构建高安全计算平台和信息系统提供保障。可应用于国家机关部委、各地政府、机要部门等核心安全领域，对原有办公系统、指挥控制系统进行国产化替换。

在移动操作系统方面，军民转化项目锐华移动操作系统是由中国电子科技集团公司第 32 研究所研发，是一个面向移动智能终端的嵌入式操作系统。该系统不仅具有同类安卓系统相似功能，而且还能提供北斗定位、北斗导航、北斗报文功能，可广泛应用于核能、航天、船舶、电子设备、信息化、车辆、仪器仪表等领域。在第十届（2017）中国（上海）国际嵌入式大会，第 32 研究所组织了锐华嵌入式操作系统产业发展论坛，发布了锐华嵌入式实时操作系统 ReWorks 6.0 版、锐华 DSP 操作系统、锐华移动操作系统、锐华机器人操作系统 4 个新产品，以及锐华 SCA 通信平台及其解决方案，为军民协同创新，实现自主可控做出了良好的示范。

三、前沿引领：抢占世界网信融合技术高地

十九大报告提出要瞄准世界科技前沿，突出关键共性技术、前沿引领技术，维护国家网络主权、安全和发展利益。当前，世界大国着眼未来国家安全和发展战略需要，从原理、材料、工艺、器件、设备、系统算法、应用的全链条和全体系上努力突破创新，抢占世界网信技术制高点。中国具有资源优势和制度优势，可以集中力量促进网信前沿技术创新突破，军民融合项目中可信计算和拟态计算已经达到了国际领先水平。云计算、大数据、物联网和人工智能等相关应用技术领域将成为军民协同创新的重点。

（一）云计算技术应用范围广阔，“民参军”迎来重大发展机遇

云计算军事运用范围宽广，主要用作处理海量情报、助力联合作战和压缩后勤费用等。此外，云计算还可以在情报共享、信息融合、战场态势分析以及辅助决策等方面提供有力的数据支持。在众多“民参军”项目中，云计算技术是少数国产化水平达到世界前列的技术之一，将成为军民融合重点发展对象。国产云计算迎来重大发展机遇，对于优秀的民营企业来说，这是进入国防建设领域的好时机，民用领域成熟的产品、技术与服务都将受到关注。

云计算在军民融合成果转化方面得到了快速发展，其中军转民项目有中国电子科技集团公司第28研究所云计算平台以及开放式信息云平台“鲸云平台”，民转军项目，广州市品高软件股份有限公司的品高基础架构云计算平台、北京华胜天隆有限公司的云桌面和云应用、深圳市华讯方舟科技有限公司的智慧云舱，均处于国内领先水平，军民融合前景良好。其中，中国电子科技集团公司第28研究所云计算平台，提供不少于600颗CPU的管理能力，支持WinXP、Win7、WinServer、CentOS、Kylin等多种操作系统云主机，符合OpenStack标准；提供计算、存储、网络资源的统一管理和按需分配能力；通过构建虚拟化的计算、存储以及网络资源池，实现资源的按需组织、灵活共享和动态扩展，为提升计算存储资源的使用效能提供支撑。其主要解决数据中心资源共享和高效使用、按需使用与弹性分配问题以及提供业务系统的快速构建、系统容灾备份与快速恢复能力。中国电子科技集团公司第28研究所的开放式信息云平台“鲸云平台”，是运用云计算、大数据、SOA等一流技术精心打造的“高效、易用、稳定、安全、智能、

灵活、领先”的开放式信息云平台，为以“网络中心、面向服务”为特征的新一代信息系统的研制提供强有力的平台支撑。“鲸云平台”设有四大品牌：鲸云·地图（提供通用的二三维一体化基础支撑平台）、鲸云·服务（提供信息系统服务化开发和集成环境）、鲸云·数据（提供一站式的大数据及云计算解决方案）、鲸云·运维（提供高效的信息系统快速构建、综合运维集成解决方案）。“鲸云平台”提供高效、可靠的显示支撑服务、平台服务、数据服务及运维服务，推进民用领域物联网、智慧城市等新的互联网应用的快速发展，为国家信息化建设做出新的更大贡献。预计到2020 年，在民用领域可实现市场经济产值超过 10 亿元。深圳市华讯方舟科技有限公司的“云从龙”集装箱数据中心，是一款中、大型一体化机房产品，以标准集装箱为载体，集成数据中心所需要的所有功能系统，打造而成一体化、可移动、灵活的集成式数据中心解决方案。

（二）大数据技术融合初步开展，正由试点转向全面推广

大数据在军民融合上虽然处于起步阶段，但是军事应用广泛，“民参军”前景广阔，是民企应重点关注的合作领域。大数据技术军民协同创新发展重点有数据分析技术、实时性的数据处理技术、基于云的数据分析平台等技术。目前已提出合作的项目有河北中科恒运软件科技股份有限公司的职能部门“数据铁笼”大数据综合平台、北京锐安科技有限公司的 Ayena 大数据平台、中国人民解放军海军航空工程学院的大数据关键技术在传统制造业中的应用、中国电子科技集团公司信息科学研究院的智慧城市数据体系等。其中，职能部门“数据铁笼”大数据综合平台创造性地将大数据运用于反腐工作，包含业务系统、数据铁笼、融合分析、数据共享 4 个模块，由数据基础层、数据处理层和数据应用层构架而成，

实现全数据监督、全过程记录、全领域覆盖。数据处理层负责从各业务系统和扩展的手机 APP 等系统抽取、转换、清洗、装载数据，在底层数据库中形成工作数据存储；数据在大数据基础处理平台的加工下，重新组织装入数据仓库和数据集市，形成数据分析和挖掘的基础；数据分析和挖掘服务通过元数据的配置和标准接口，使用可配置的挖掘工具，完成对数据的进一步的加工，形成可展示的分析成果；数据交互服务调用底层的数据交换模块将分析成果交给外界的应用系统做进一步的利用；数据可视化则将分析结果转换为可视化的图形和表格直接输出到用户的界面（如浏览器、手机页面等）上。

Ayena 大数据平台处于国内领先水平，具有四个特点：

一是入库时效性高。海量数据从数据接入到进入数据库并产生可查询数据，在资源正常配置（预处理与协议还原设备的正常配比率）和数据无积压的前提下，Ayena5.0 产品能够实现实时入库。

二是数据存储能力强。Ayena5.0 平台可支持千量级物理结点的集群规模进行平台搭建部署，集群数据处理能力可达 10PB 以上。

三是数据提取时效性高。在数据质量（如认证数据上下线记录完整）、数据时序（如认证数据上线提前于日志数据）、在给定时间窗口内等正常情况下，关联率大于 90%。在数据信息完整的条件下，按给定提取规则提取出的对象档案、对象关系数据的提取率大于 90%。数据查询性能强。支持并发查询数目 10 000 请求/秒；在低硬件配置情况下，单个节点服务器的记录数控制在 10 亿条以内的情况下，数据查询速度小于 1 秒。

2017 年 11 月，大数据协同安全技术国家工程实验室智慧能源大数据安全研究中心正式揭牌成立。该研究中心由国家电投集团和 360 企业安全集团共同成立，力图解决大数据时代下能源行业面临的网络安全问题。中国工程院院士、智慧能源大数据安全研究中心技术委员会主席倪光南表示，大数据是信息发展的必然规律，必须坚持创新，挖掘智能化、多元的信息源；同时，要按照科学的方针发展大数据，以安全为前提寻求创新发展。360 企业安全集团董事长齐向东表示，大数据驱动创新已成为全球趋势，让人类进入了一个新的发展时代，但要想取得更大的发展，必须解决大数据的安全问题。近年来，国家高度重视大数据安全。2017 年 2 月，国家发展改革委员会正式批准 360 集团牵头承建大数据协同安全技术国家工程实验室，以解决大数据时代下所暴露出的数据安全、系统安全监测、预警和控制处置能力不足等问题，保障能源、交通、金融等关键基础设施的正常运行。

（三）物联网技术融合积极推进，成为下一步发展重点

目前中国在民用物联网方面发展非常迅速，是世界上最大的民用物联网市场，智能蓝牙手环、智能门锁、智能窗帘等物联网应用商品随处可见，滴滴、摩拜等基于物联网的公司如雨后春笋般涌现。物联网军事应用主要包括战场态势感知、助力联合作战、后勤精确保障和装备灾时监测等，是未来战争环境中真实存在的“天罗地网”。通过军民融合式发展的道路，推进军用物联网的发展显然是一条捷径。目前已经有不少企业和院校正与部队合作开发军用物联网系统，2016 年 12 月，在北京成立了军民融合物联网专业委员会，这个委员会将致力于集聚国家和社会的优势资源与先进技术，推动物联网在军事领域体系化的应用和创新发展，促进军民融合物联网的学术繁荣，提升军地信息化建设的整体效能，为后续军地双方协作发展物联网技术提供强劲“助推器”。

军民融合民转军的项目有：南京联舜科技有限公司的智慧军营通用信息系统，南京航空航天大学的面向物联网智慧城市的基于视觉的目标感知、跟踪和高清晰特征获取技术，北京理工大学的

超高精度角度传感器智慧检测平台。军民融合军转民项目有：中国人民解放军国防科学技术大学的自主知识产权射频识别系统设备，中国电子科技集团公司信息科学研究院的物联网物体发现系统以及体域名系统，中国电子科技集团公司信息科学研究院的物联网智能网。其中超高精度角度传感器智慧检测平台具有四大技术特点：一是一种设备可以完成4～5种进口设备完成的检测任务，大幅降低制造和测试成本，可对模拟、数字（并口、串口、USB、以太网口等）等多种输出接口形式的光电编码器、电子罗盘、倾角传感器等角度传感器快速的静态全量程、全分辨率自动检测；二是系统分辨率为1″，精度达到5″，满足对20位及以下角度传感器的精度测量要求；三是通过补偿可以提高原有传感器的精度一个数量级；四是通过云计算搭建海量数据分析处理平台，同时实现资源共享，用信息化代替机械化，降低装置成本。

物联网智能网主要功能有六点：一是提供芯片级安全加密；二是支持多种传感数据收集、存储和处理；三是具有强大的音视频处理能力；四是支持大并发数 Wi－Fi 客户端接入；五是支持对接入设备实时查看和控制；六是可广泛应用于各类物联网领域。

（四）人工智能技术处于初级阶段，军事应用需求广泛

中国“互联网＋”与《中国制造2025》国家发展战略的实施，促进了人工智能的巨大需求。未来2～5年，人工智能应用与产业发展将迎来爆发期。以人机大战为标志，人工智能发展取得了突破性重大进展，并加速向军事领域转移，这必将对信息化战争形态产生巨大的影响。人工智能在军事应用上主要有：一是自主式作战机器人，二是无人机作战平台，三是智能化作战指挥，四是智能化军事装备。

人工智能的军民融合正在稳步推进。军民融合军转民项目有：

中国航空工业集团公司北京长城航空测控技术研究所的机器人喷涂系统，中国船舶重工集团公司第724研究所的智能装备系统集成及应用，中国船舶重工集团公司第724研究所的智能焊接装备系统集成及应用，国防科学技术大学的海量视频搜索系统，中国船舶重工集团公司第705研究所昆明分部的智能搬运机器人，中国航空工业集团公司成都飞机设计研究所的翼龙系列无人机，中国航天科技集团公司六院上海航天动力科技工程有限公司的全方位移动机器人的关键技术，中国船舶重工集团公司第716研究所与江苏杰瑞科技集团有限责任公司合作的JARI六轴工业机器人及其关键部件。军民融合民转军项目有：中国科学院沈阳自动化研究所的废墟搜救可变形机器人，中国科学院沈阳自动化研究所的基于排爆机器人技术的管道检测疏通机器人，北京航空航天大学的环境探测球形机器人，哈尔滨工程大学的全景视觉系统关键技术与应用。其中翼龙无人机是一款察打一体中空长航时无人机，采用自主轮式滑跑起飞和降落，可推带光电吊舱、照相机、摄像机、合成孔径雷达、通信中继等任务设备，还可外挂对地激光精确制导炸弹、子母弹或非杀伤性武器。翼龙无人机具备广阔的应用范围，且任务能力强，可执行侦察、监视、打击等军事任务以及反恐维稳、边界巡逻、反走私、缉毒等警用任务，并可用于航拍、测绘、勘探、灾情查看、巡线、通信中继等民用任务。

国务院于2017年7月8日印发的《新一代人工智能发展规划》提出要加强人工智能领域军民融合，促进人工智能技术军民双向转化，强化新一代人工智能技术对指挥决策、军事推演、国防装备等的有力支撑，引导国防领域人工智能科技成果向民用领域转化应用。对军队而言，需要在人工智能领域方面，军地融合发展战场空间感知、力量运用、战术防护和后勤保障等重要领域。

为深入贯彻党的十九大精神，加快发展先进制造业，推动人工智能和实体经济深度融合，落实《中国制造2025》和《新一代人工智能发展规划》部署，工业和信息化部日前印发了《促进新一代人工智能产业发展三年行动计划（2018—2020年）》（以下简称《行动计划》），以信息技术与制造技术深度融合为主线，以新一代人工智能技术的产业化和集成应用为重点，推进人工智能和制造业深度融合，加快制造强国和网络强国建设。当前，我国人工智能产业发展势头良好、空间巨大。《行动计划》按照“系统布局、重点突破、协同创新、开放有序”的原则，提出了四方面主要任务，力争到2020年，实现“人工智能重点产品规模化发展、人工智能整体核心基础能力显著增强、智能制造深化发展、人工智能产业支撑体系基本建立”的目标。

（五）可信计算稳步推进，成为关键基础设施信息防护的核心依赖

可信计算是在计算和通信系统中广泛使用基于硬件安全模块的可信计算平台，以提高系统整体的安全性。可信计算平台为网络用户提供了一个更为宽广的安全环境，它从安全体系的角度来描述安全问题，确保用户的安全执行环境，突破了被动防御方式。中国工程院院士沈昌祥、中国科学院研究员冯登国、武汉大学张焕国教授等人在可信计算的理论与技术推广方面做出了贡献。

可信计算研究工作始于1992年，到目前已经形成了自主创新体系。可信技术发展经历了以主机可靠性为主要特征的可信计算1.0时代，以节点安全性为主要特征的可信计算2.0时代，现在发展到了以系统免疫性为主要特征的可信计算3.0时代。

可信计算3.0理论基础是计算复杂理论以及可信验证，针对已知流程的应用系统，根据系统的安全需求，通过“量体裁衣”的方式，针对应用和流程制定策略来适应实际安全需要，特别适合

为重要生产信息系统提供安全保障。构建的可信支持的双体系结构如图 5－1 所示。该体系结构通过增加防护部件，可以实现任务计算和免疫防护并存的计算模式。

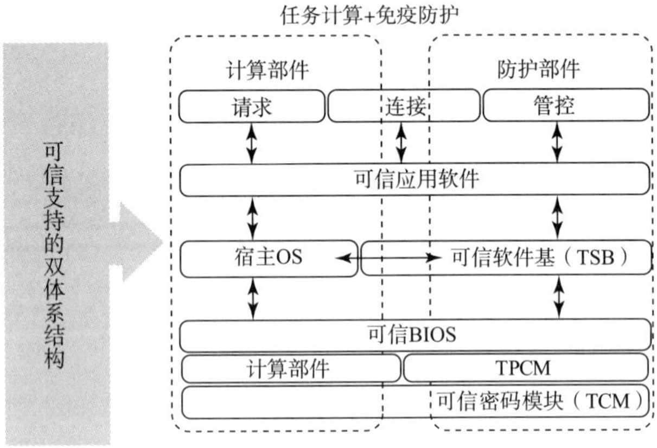

图 5－1　可信支持的双体系结构

可信计算 3.0 是传统访问控制机制在新型信息环境下的创新发展。它以密码技术为基础，通过自主密码方案、控制芯片的主动控制、主板层面的计算、核心软件的双系统体系结构及三元三层可信连接等多方面创新，组成了创新的主动免疫体系结构（见图 5－2）。该体

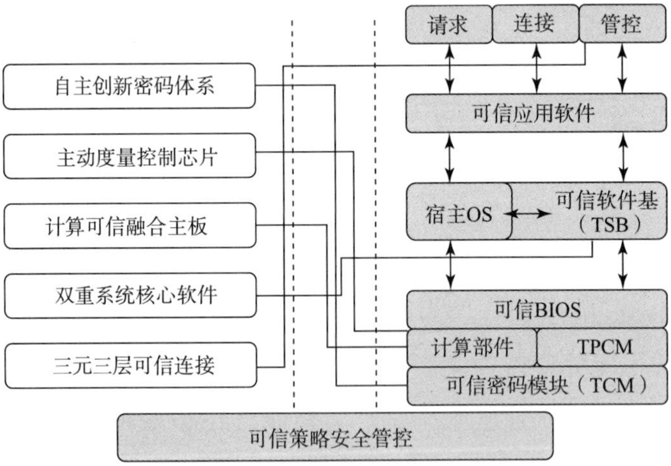

图 5－2　可信计算的主动免疫体系结构

系结构克服了 TCG 部件 TPM 被动挂接调用的局限性。可信计算 3.0 在攻击行为的源头判断异常行为并进行防范，其安全强度较高，可抵御未知病毒、未知漏洞的攻击，能够智能感知系统运行过程中出现的规律安全问题。

可信计算 3.0 具有以下技术优势：第一，成本低。可信计算 3.0 是我国首创的新一代安全计算模式，对我国信息安全的发展有着革命性影响。目前只加芯片和软件即可搭建可信免疫的主动安全防护体系，成本低，可靠性高，易于推广，预计可信计算将会成为国内主流的信息安全技术。第二，安全可靠。可信计算 3.0 芯片（TPCM）可以实现启动代码的主动度量和控制，实现计算平台的启动保护，尤其是可以实现计算机动态运行环境的监测和对内存与端口的物理控制。一旦恶意代码入侵导致软件系统失控，TPCM 芯片将物理隔断对外通信接口，采取强制控制措施，保证信息系统安全。第三，可抵御未知病毒。

可信计算 3.0 主动免疫防御技术已经形成了创新的体系框架，结合主动免疫的主动防御思想和等级保护的防御体系，构建可信安全管理中心支持下的主动免疫三重防护框架，如图 5－3 所示。同时，还建立了较为完善的国家标准体系，产业生态环境也逐渐成熟，相关产品已经在政军核心系统、国家电网等关键信息基础设施领域进行了规模化应用，极大提升了国家重要信息系统的主动防御能力，成为国家网络空间安全的核心技术之一。伴随着云计算、大数据、物联网等新型信息技术的进一步发展，可信计算 3.0 技术将对网络空间安全发挥更加关键的基础支撑作用。可信计算 3.0 系统在国内逐渐实现了规模应用。2017 年 4 月 28 日，在北京一次新品发布会上，山西百信信息技术有限公司发布了国内首款基于可信平台控制模块（TPCM）的自主可信计算机。

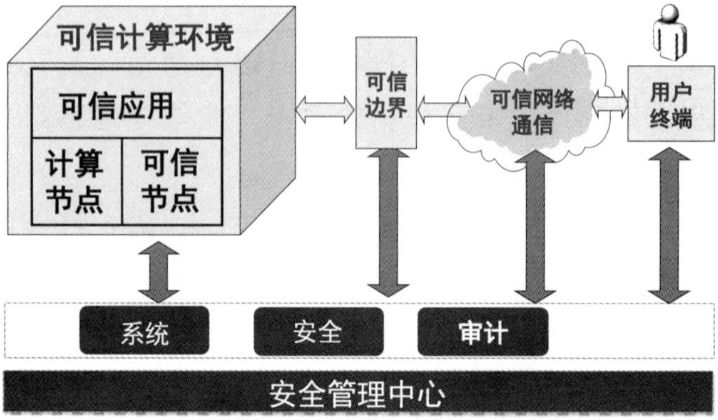

图5－3　主动免疫的三重防护主动防御框架

（六）拟态计算基本成熟，成为“军转民”的重点融合应用项目

拟态计算机由中国工程院院士邬江兴带领科研团队，在科技部和上海市政府联合支持下，联合国内外10余家单位，聚合500余名研究人员，历时6年潜心研究而成。拟态计算机实现了对我国高效能计算机体系结构的突破，使我国计算机领域实现从跟随创新到引领创新、从集成创新到原始创新的跨越。拟态计算是我国主动防御体系研究的重大创新，是军民融合技术协同创新的成果。

从2007年开始，国家数字交换系统工程技术研究中心主任、中国工程院院士邬江兴融合仿生学、认知科学和现代网络技术，首次提出了用功能等价条件下的变结构计算解决高耗能处理的问题，即“拟态计算”的概念，并联合国内多家科研单位，从理论研究、算法分析、技术实现入手，开始了艰难的探索。这一创新理论得到了科技部和上海市科委的大力支持，被纳入到国家“863”计划部市合作项目进行重点科研攻关。2013年9月21日，这项名为“新概念高效能计算机体系结构及系统研究开发”的项目在上海通过了国家“863”计划项目验收专家组的验收，成为得到认可的世界首台结构动态可变的拟态计算机，这为高性能计算机体系结构发展开辟新的方向，从而成为改变计算机产业“游戏规则”的变革技术。

借助拟态计算机结构动态可变的思想，邬江兴院士还提出了“拟态安全”的新概念（见图5-4），可大大提高计算机系统的安全性，降低病毒和木马的危害性。在网络空间的拟态防御，在目标对象给定服务功能和性能不变前提下，其内部架构、冗余资源、运行机制、核心算法、异常表现等环境因素，以及可能附着其上的未知漏洞后门或木马病毒等都可以做策略性的时空变化，从而对攻击者呈现出“似是而非”的场景，以此扰乱攻击链的构造和生效过程，使攻击成功的代价倍增。

图5-4 邬江兴院士介绍拟态防御原理

2016年，“Web服务器拟态防御原理验证系统”和“路由器拟态防御原理验证系统”在上海研制成功，中国拟态防御技术迈出了实质性一步。2017年12月中国网信军民融合发展联盟拟态技术与产业创新专委会在上海正式成立。拟态计算机研发团队已同中国国电、中国工商银行、阿里巴巴、河南联通等单位达成技术和应用合作意向，将在电力、金融、电子商务等领域率先开展应用，为保障国家信息基础设施安全发挥作用。专家认为，这一技术有望成为网信技术与产业发展的又一风口，将助推我国新一代信息技术和产业实现“换道超车”。

四、颠覆创新：瞄准网信强国谋求弯道超车

从近些年技术发展实践看，人类将进入一个新的技术融合发展和变革时代，未来将有更多的颠覆性技术出现。2016 年国务院出台的《“十三五”国家科技创新规划》明确提出，要在网络信息领域部署一批具有重大影响、能够改变或部分改变科技、经济和社会主生态格局的颠覆性技术。十九大报告也提出加强颠覆性技术创新，为建设科技强国、质量强国、航天强国、网络强国、交通强国、数字中国、智慧社会提供有力支撑。其中，量子通信、新型计算机和人体芯片为代表的颠覆技术是网信军民技术协同创新的重要发展方向。

（一）量子通信技术初步具有使用价值，融合需求前景广阔

量子通信具有传统通信方式所不具备的传输高效和绝对安全等特点，因此成为国际上量子物理和信息科学的研究热点。量子通信在国家安全、金融等信息安全领域有着重大的应用价值和前景，量子通信被认为是下一代 IT 技术的支撑性技术。

在量子通信的国际赛跑中，中国属于后来者，经过多年的努力，中国已经跻身于国际一流的量子信息研究行列，中国科学技术大学在量子信息技术领域独树一帜，科研实力在国际上处于前

列，在量子通信产业化及相关应用技术方面，我们已经走在了美国的前面。2011 年，“合肥城域量子通信试验示范网”建成，该网络包括 46 个节点，是当时世界上首个规模化量子通信网络；2013 年，“济南量子通信试验网”建成，该网络包括 56 个节点、90 多个用户，面向承载实际应用、量子网络运维和优质的用户体验，是目前世界上最大的城域量子通信网络。2016 年 8 月，我国的“墨子号”量子科学实验卫星，在酒泉用长征二号丁运载火箭成功发射升空，2017 年 1 月 18 日，“墨子号”实验卫星圆满完成了 4 个月的在轨测试任务，正式交付用户单位使用。2017 年 9 月，世界首条量子保密通信干线——“京沪干线”正式开通；结合“京沪干线”与“墨子号”量子科学实验卫星的天地链路，我国科学家成功实现了洲际量子保密通信。这标志着我国已构建出天地一体化广域量子通信网络雏形，为未来实现覆盖全球的量子保密通信网络迈出了坚实的一步。

目前，量子通信研究已成为各军事大国重点发展的战略性高科技，在军事上有着灿烂前景。现代战场瞬息万变，迅速、准确、保密和不间断的信息传输，是实现及时有效的指挥和夺取战争胜利的关键。由于量子通信具有信道容量大、无电磁泄漏、不受外力干扰等优点，它成为未来作战中首选的信息传输方式。2017 年，中国船舶重工集团公司和中国科学技术大学签署协议，就支持海军任务系统研发的量子技术开展合作，以量子通信产业化为目标，大幅提升相关军事领域装备的性能，推进量子信息技术在民用领域的应用。根据这项联合计划，双方将在位于华中的武汉成立三个实验室，分别致力于量子导航、量子通信和量子探测技术的研发。这三个量子实验室将根据海军装备提升战斗力需求与装备发展需要，支撑科研、促进成果工程化应用和产业化发展。量子通信技术军民融合应用在起步阶段，但是军地相关专家预言，随着该技术的不断发展和完善，量子通信将被大量应用于军事通信系统之中，使得战场侦察探测、指挥控制、通信网络、武器控制能力得到全面提升。

（二）新型计算机技术处于实验阶段，成为协同创新的重点

具有高运算速度、存储量的纳米计算机，分子计算机、量子计算机、光子计算机以及生物计算机，将成为未来新型计算机技术的发展方向，也是军民融合的着力点。其中光子和量子计算机应是下一阶段军民融合协同创新的重点。

光子计算机即全光数字计算机，以光子代替电子，光互连代替导线互连，光硬件代替计算机中的电子硬件，光运算代替电运算。光的并行、高速，天然地决定了光子计算机的很强的并行处理能力具有超高运算速度。在光子计算机中，不同波长的光代表不同的数据，可以对复杂度高、计算量大的任务实现快速地并行处理。光子计算机将使运算速度在目前基础上呈指数上升。美国马萨诸塞州的一家光学技术公司——光导发光元件系统公司正与美国航空航天局马歇尔航天中心合作开发用来制造光学计算机的“光”路板，实现对光子移动的控制。随着现代光学与计算机技术、微电子技术相结合，在不久的将来，光子计算机将成为人类普遍的工具。

量子计算机，是实现量子计算的机器，是一种使用量子逻辑进行通用计算的设备。量子计算机技术在国际国内都是研究的重点项目，中国的研究开发也达到了世界领先水平。中国科学技术大学潘建伟教授及其同事陆朝阳、朱晓波等，联合浙江大学王浩华教授研究组，在基于光子和超导体系的量子计算机研究方面取得了系列突破性进展。2017 年 5 月 3 日，潘建伟教授所带研究团队，在 2016 年首次实现十光子纠缠操纵的基础上，利用高品质量子点

单光子源构建了世界首台超越早期经典计算机的单光子量子计算机。

计算机是信息化武器系统的智能部件，例如在导弹和空天飞机中的嵌入式计算机追求小而轻，而且要有极高的性能指标。下一代高技术武器系统计算机对运算速度的要求高，现有计算机很难满足，运算速度高、能耗低的下一代计算机可以很好地解决这个问题。总之，计算机源自军事，也要服务于军事。开发下一代计算机，仅凭军方是不可能完成的，需要借地方之智，借地方之力，通过军民融合来实现。

（三）人体芯片技术初现，国外相关研究动向值得关注

人体芯片是将芯片植入人体，与神经相连，让它对人的身体有更多感知，早在 1998 年，英国伦敦雷丁大学的布凯文·沃维克教授就曾经把一枚芯片植入前臂，并通过计算机跟踪本身位置。2002 年，美国应用数据公司也曾推出名为 VeriChip 的芯片产品，它植入后处于休眠状况，但可以通过手持扫描仪读取信息。此后，电子生物工程师布莱恩·麦考伊（Brian McEvoy）就曾将导航仪设计加入植入式芯片，并将其植入人身的皮肤下，如果只要面朝北方，芯片就会轻微地刺激皮肤，让它清楚方向。英国的一位科学家也在试验将芯片植入体内，通过芯片把自己手臂上的神经和电脑连接起来。如此一来，电脑不但可以记录手部神经的运动，还可以发出指令让手臂活动。这个试验一旦成功，将会给瘫痪病人带来康复的希望，并可能使中风、帕金森症或阿尔茨海默氏症等与神经细胞死亡相关的病症得到缓解。

2017 年 5 月 18 日，ARM 公司对外宣布，公司有兴趣开发可以装进大脑的芯片，公司将与华盛顿大学感觉运动神经工程中心携手合作，帮助研究人员开发可以植入人类颅骨的芯片。它可以破

译大脑内部生成的信号，将信号数字化，用信号控制身体肌肉的功能。未来，ARM 希望能逆转进程，让设备处理数据，然后直接将信号输入大脑。

据报道，2017 年美国军方公布了一项6 500 万美元资助研发大脑芯片的计划。该计划旨在研发一种可植入人的大脑，使人类直接与计算机连接的神经装置。大脑芯片被植入人脑后，人脑和数字世界可建立精密的交流，士兵更可以拥有超能感觉，并可能带来听觉、视觉、言语和其他脑部相关疾病的重大医疗突破。美国政府已经资助这项计划，包括将芯片植入士兵的大脑，提升他们在战场上的表现。他们有长远计划，是将士兵变成赛博格（cyborgs），也就是俗称的电子人、生化人。与原子弹、氢弹等大型杀伤破坏性武器不同，未来战争的标志性武器或许是让人类大脑获得前所未有的控制能力，这种“神经武器”不仅是信息技术中的颠覆性技术，更会成为人类技术发展史中的颠覆性技术。

参考文献

[1] 蓝羽石，丁峰，王珩．信息时代的军事信息基础设施［M］．北京：军事科学出版社，2012.

[2] 沈昌祥．用可信计算3.0 筑牢网络安全防线［J］．信息安全研究，2017（4）.

[3] 沈昌祥，张大伟，刘吉强，等．可信计算3.0 战略：可信计算的革命性演变［J］，中国工程科学，2016（6）.

[4] 沈昌祥．可信计算构筑智慧城市安全架构［J］．网信军民融合，2017（9）.

[5] 邬江兴．网络空间拟态防御原理简介（上）［J］．网信军民融合，2017（6）.

[6] 邬江兴. 网络空间拟态防御原理简介（下）[J]. 网信军民融合，2017（7）.
[7] 吴华，王向斌，潘建伟. 量子通信现状与展望 [J]. 中国科学：信息科学，2014（3）.
[8] 国家军民融合公共服务平台，http：//jmjh. miit. gov. cn/。
[9] 全军武器装备采购信息网，http：//www. weain. mil. cn/。
[10] 国家国防科技工业局，http：//www. sastind. gov. cn/。
[11] 国家电投与360共建智慧能源大数据安全研究中心 [J]. 网信军民融合，2017（8）.
[12] 促进新一代人工智能产业发展三年行动计划（2018—2020年）[J]. 网信军民融合，2017（12）.

第六部分

人才篇

人才始终是重要的战略性资源，不仅是先进生产力和先进文化的重要创造者和传播者，也是社会文明进步和国家安全繁荣的重要推动力量。人类已从农业社会进入工业社会和信息社会，人才的重要价值仍是一个需要持续强调和重视的战略性问题。习近平总书记2016年4月19日在网络安全和信息化工作座谈会上提出："网络空间的竞争，归根结底是人才竞争。建设网络强国，没有一支优秀的人才队伍，没有人才创造力迸发、活力涌流，是难以成功的。"十九大报告再次明确提出人才强国战略，将人才问题上升到国家战略的高度。人才既是网络强国之本，也是信息强军之源。只有融合军民人才和智力，才能真正建立支撑国家网络安全和信息化发展的人才体系和人才资本。

一、集汇众智：网信军民领域人才建设的基本现状

基于网络空间的广泛覆盖性，以及网络安全和信息化建设的全面渗透性，网络安全和信息化人才呈现出跨军地、跨部门、跨行业、跨领域、跨机构甚至跨国综合集成的形态。

对网信人才来说，信息时代是一个最好的时代。习近平总书记在中央网络安全和信息化领导小组第一次会议上明确指出："要建设一支政治强、业务精、作风好的强大队伍，培养造就世界水平的科学家、网络科技领军人才、卓越工程师、高水平创新团队。"对网信人才提出了具体的要求和明确的标准。

网信人才是网络安全和信息化建设的核心资源，人才的数量、质量、结构和运用，直接关系到网络安全和信息化建设的水平，以及网络强国、军民融合战略的有效实施。

（一）网信人才需求更加旺盛

网信领域对人才的需求紧迫，需求面广、需求层次高，不仅需要具备深厚管理与技术素养的复合性"帅才"，也需要理论与技术功底扎实、文武兼备的"将才"，还需要网信管理人员、运营人员、运维人员、技术人员和研究人员。

需求是人才培育和发展最强大、最核心的驱动力和推动力。人才生成过程中，推力从来大于拉力。网络时代，上至国家部委，中至企业、组织，下至普通百姓，对网络安全和信息化人才的需求现实而具体。最核心的需求源于安全，即免于被伤害、侵犯的恐惧，大至国家网络安全威胁，中至企业核心情报被窃，小至个人财产和数据被骗，等等。美国前国防部部长卡特 2016 年 11 月 1 日在纽约城市学院未来部队活动上讲道："俗话说，安全就像氧

气。当你拥有时，你并不会想到它，但当你失去它时，你心里渴望的就是它。”安全是立国之本、安民之本。先有网络安全保障，后有信息产业顺利发展。安全和发展一样是永恒需求，安全比发展的需求更为深厚。近些年，网络空间不断产生且持续走高的安全威胁事件，不仅成为国家安全的重要议事日程，而且成为影响社会稳定和个人信息安全的隐形杀手。

作为网络大国，中国正处于迈向网络强国的重要阶段，网络安全和信息化发展对人才提出了现实而紧迫的要求，尤其一些重要专业领域更是如此，比如网络攻防人才、挖掘漏洞人才、逆向分析人才，以及网络指挥和管理人才，这不仅与国家网络安全密切相关，也与地方数字经济发展和军队信息化转型发展，加快军队战斗力生成和联合作战能力提升紧紧相连。无论是网络安全还是信息化建设发展，均需要一流的人才支撑推出一流的网信理论和网信技术。比如，人工智能作为推动网信事业发展的新技术领域，近两年渗入网络安全和信息化建设的各个领域，成为一个热门领域。据《全球人工智能人才白皮书》报道，全球 AI 领域人才总数约 30 万人，而目前市场的需求在百万量级，AI 人才供应存在很大缺口。中国人工智能人才目前更是呈现出严重的供不应求现象，与处于领先地位的美国尚有很大差距。

对中国来说，以上三个由微观、中观到宏观的现实安全需求又可破解出无数层次的现实和潜在安全威胁和隐患，呼唤网络安全人才快速、成批出现，急需建构包括技术、工程、密码、数学、管理、军事和战略等领域在内的人才队伍，形成梯次配置、结构合理的人才体系。与此同时，在网信领域，还出现了地方人才优于军队人才，以及地方技术先于军队技术的情形，军队的需求相较地方更为现实而紧迫。

随着网络产业的快速发展、网络社会的日益扩张和网络威胁的不断突出，尤其是信息技术迭代发展速度加快，对网络安全和信息化的挑战越来越大，需要有一大批顶尖的、全新的网信人才支撑，事实上已经呈现出需求强、能力欠的矛盾局面。比如，网络安全设计、规划、管理、测评、软件开发，以及网络安全和信息化政策、法规，还有云计算、大数据、物联网、移动互联网、人工智能等技术形态出现后，对人才的需求是全新的，挑战是前所未有。英特尔公司安全研究团队发布的报告显示，美、英、法、德等 8 个国家 71% 的企业表示，由于网络安全人才匮乏，每年都会因网络攻击而产生重大的经济损失。据调查，2016 年 82% 的大中型企业急需信息安全人才，全球共有超过 100 万个信息安全职位处于空缺状态，而数量如此之大的空缺职位在信息安全行业中前所未有，这还不包括国家和军队机构、社会组织和院校对网信人才的巨大需求。现阶段，网信领域除了技术型人才的现实缺口，最为紧缺的还有应用型人才，中国在网络安全和信息化领域的人才数量和质量均不能满足现实需求。

（二）网信人才发展中存在着矛盾问题

中央网信办建立以来，围绕人才建设出台了一系列举措，试图建立起满足网络安全和信息化发展需求的人才队伍。2015 年，国务院学位委员会、教育部联合发布《关于增设网络空间安全一级学科的通知》，使网络空间安全正式获批成为一级学科，为全面提升网络安全空间安全学科建设提供了难得的机遇，也初步建立起了网络安全人才的培养体系。目前，我国已经有 100 多所高校开设了信息安全专业，每年可为国家培养上万名信息安全人才。与此同时，高校和企业通过推动公益性质的网络比赛，比如“信息安全铁人三项赛”等，对高校教育进行有机补充，试图开拓人才培养的新渠道。

网信人才建设非数年之功可以成就，也非单一手段可以生成。相比中国每年庞大的网络安全和信息化发展需求，网信人才还远远不能满足需求，存在着巨大的发展空间。宏观来看，网信领域军地普遍存在人才年龄结构和专业结构失衡的问题，缺乏整齐的创新型人才、技术型人才和管理型人才群体和队伍。中国网络安全和信息化人才的现状是：需求在先，人才在后；事业在前，人才在后，出现需求和事业跑到人才前面、人才急需跟进和追赶的局面，以及军地人才相互割裂、各自为政的基本现实。

网信人才之融合不是简单的军地人才相加，而是军地人才的有机融合、有效配合和密切联合。从目前中国网信军民融合人才建设现状可见，存在着以下三个突出的矛盾。

一是上与下脱节的矛盾。军民融合中人才融合和技术融合既是应在之义，也是融合要项。国家层面出台军民融合战略、网络强国战略、科技强国战略和人才强国战略，站位高，方向明，政策指向好，但中下层政策传导不畅，使得一些好的政策得不到有效执行和落实，出现了“政策好”和“落地难”的矛盾，一定程度出现上热下冷的情形。一方面，网信执行层面缺乏对政策的正确理解和准确把握；另一方面，网信相关部门和行业对政策的错误解读和偏差执行，导致走向政策目标的反面。一些传统的老大难问题依然存在，比如学历培养体系不完善，职业培训制度建设滞后，网信培训市场秩序混乱等，学历教育、职业教育与企业需求间依然存在脱节现象。科技和理论研究行业更多考虑市场收益和利润，对人的智力劳动价值得不到应有的尊重和体现。比如，高校和科研机构人员待遇普遍偏低，生活压力大，竞争环境不公平，人才缺乏正常且良好的培养、成长和成熟环境。

二是观念与时代不匹配的矛盾。社会已进入了信息化和网络化时代，但是网信人才培养和建设的理念和观念严重滞后。网信军民融合领域，对军民人才融合建设和发展尚未完全打开思路、解放思想，还存在传统的保护意识、部门意识和利益意识，不仅军工企业对民营企业参与军品科研生产存有顾虑，同时民营企业也对进入军工领域存在不切实际的想法。在人才培养上，军地一些高校从教学课程设置、教学方法到教学内容，没有对网信这一新兴前沿领域保持必要的重视，在网信人才建设上没有好的举措，更谈不上军民人才融合。习近平总书记指出："选人、用人不当是贪腐源头之一，选错一人，危害一方。"用人制度出了问题，不仅贻害学术风气，还滋生了系列学术和官场腐败等问题，导致难以在学术和技术上有所创新和突破。网络空间安全科学教学中，忽视多学科的相互融合，尚未建立起新兴交叉学科，不符合网信时代对网络安全和信息化人才的要求。实践中还有一些观念不能适应信息时代的发展，人才成长的动力严重不足，甚至成为阻碍人才发展的拦路虎。此外，在网信人才培养和使用上，还存在普遍向高端技术人才聚集看齐，而忽视中下层网信管理和维护人才的情形，尚未搭建起合理的人才架构。

三是理论和实践不统一的矛盾。主要表现为两个侧面：第一是理论阐述与实践脱节的问题。网信人才培养的理论相对完善，但是没有贯彻和应用到具体的行动和实践中，理论和实践两张皮，没有形成统合和一致，导致现有的网信军民融合及其相关专业的现有理论成果较多，却没有在实践中体现出来，结果人才问题始终没有解决好，核心是没有将理论与实践、讲和用统一起来。第二是基础研究与实践需求的脱节问题。倪光南院士在第四届世界互联网大会演讲时指出，中国 95% 的人才属于实验发展和应用研究，说明中国目前更偏重工程技术研发，基础还比较薄弱，这方面中国与世界发达国家还有差距。网信领域的许多高校教学理论与现实需求脱节，还停留在狭义的"教"层面，这样的应试教育模式是教不出能攻善防的网信人才。无论是高校还是科研机构，抑或企业，多以市场前景为核心取向，开展基础性研究工作较少，从根本上导致了网信人才难以支撑网络安全和信息化发展需要。对军队来说，一些军工企业也受地理位置偏远、工作环境艰苦，以及保密要求、薪资待遇和管理效率等现实问题的限制，加之人才政策没有及时和适时调整，不仅难以吸引到高端人才，而且导致现有人才流失。

二、扶强立新：中国网信领域军民融合人才建设面临的主要挑战

从世界范围看，网络安全人才普遍缺乏，主要归因于信息时代网络安全和信息化发展总体上属于新事物，且网络空间发展迅速，远远超过人们的想象。某种程度上，网信人才短缺是一个世界性问题、普遍性问题。麦肯锡一份分析报告指出，预计到 2018 年，大数据从业者的岗位需求将激增，其中大数据科学家的缺口在 14 万名至 19 万名之间，利用大数据做决策的分析师和经理的岗位缺口则将达到 150 万个。中国作为网络大国，提出建设网络强国，网信人才问题较之世界其他大国不仅更为严重，而且更为紧迫。

中国网信人才队伍面临现实的短板、缺项和挑战，可以概括为量不足、质不高、结构不合理，主要表现在以下六个方面。

（一）缺乏明晰的网信人才建设发展规划

长期以来，军地人才规划大多笼统而论、各自生成和使用，各行业缺乏细致的专门领域人才发展规划。网络安全和信息化发展近些年广受重视，网信人才问题的重要性和必要性虽已被认识到，

但没有出台具体的人才建设规划。加之中国网络安全和信息化产业发展太快，部分人对网信人才发展规划还处于蒙昧或混沌状态。大国网络竞争和维护网络安全首先是对人才的争夺。对中国而言，网信领域对高端人才的需求远远大于供给。目前，中国网信人才规划已提上议事日程，尚不完备和清晰。中央网络安全和信息化领导小组 2017 年工作要点强调："要制定出台关于网信人才发展体制机制改革先行先试的若干意见，建立适应网信特点的人事制度和薪酬制度。"在人才培养使用、考核评价、吸引保留、激励淘汰和条件保障等方面的体制机制还不够明晰和完善，有些比较模糊，缺乏较好的操作性。或者有些制度不够明晰，操作性不强，规范性不够，执行中出现较大的弹性空间。还有一些现实问题尚未真正纳入网信人才战略规划之中，比如以人为本、以人才为本的核心理念，以及真正对人才这个最核心资产的重视，一些计划规划本末倒置，将钱和物作为政策和项目计划的重中之重，恰恰缺乏对军地网信人才的关注和激励。此外，在网信教学计划中，还存在军地教学体系不对等，学科专业不对接，以及学校环境不统一等现实问题。

（二）缺乏扎实的网信军民融合和相关专业基础理论

中国网络安全学科和信息化发展相关学科起步较晚，发展时间短，教学体系尚不成熟，还存在诸多问题，教学培养的人才数量不够和教学质量不佳，以及网络安全和信息化相关专业的理论研究尚处在低层次探索阶段，加之学科设置不够科学、不够配套，导致网信人才供需严重不平衡。无论是网络安全还是信息化发展，基础层面的理论研究需要有长期的积累研究，到了一定程度后方可有学科本身的飞跃性发展和对技术突进性的核心支持。与此同时，网信领域融合了多个学科，多学科融合、跨界合作的气氛尚未营造起来，各自原有的专业固守一隅，或相互排斥，没有生成复合性或交叉性学科架构，总体上呈现出对网信领域相关专业基础理论研究不够、不强、不全的问题，一些网络安全学院才刚刚起步，专业门类划分不甚科学，一些重要学科基础不够扎实，还需要一定时间的探索和积累，不可能快见成效。网信领域基础研究不厚实，直接制约网信技术的原始创新和自主创新，从根本上导致核心技术受制于人的格局难以很快发生根本改变。

（三）网络安全和信息人才竞争激烈

网信领域对最优秀工程师及其他人才的竞争向来非常激烈，从国家到企业、科研机构、院校都在积极打造吸引人才、提高工作效率的环境，都在运用各种手段争夺紧缺人才。目前，中国在网信人才市场上面临两大挑战：一是国际上大国间在争人才，国内政府和企业也在争人才。二是网信人才流失严重，且未来趋势不容乐观。国际争人才早已是世界大国的国家级战略，有些明目张胆，有些潜性暗动。目前，世界上网信领域的优质人才的拥有量美国第一，而且从政策导向、投入和技术看，这一趋势有望保持。德国、日本、俄罗斯、英国等大国在先进网信人才的引进和争夺上，无论是在政策还是在投入上都是技高一筹、不遗余力。国内政府和企业人才之争，看似体制内外的争夺，实质上在同一社会形态下争得同样激烈，有些甚至出现恶性竞争的局面。事实上，人才与用人单位是双向选择，核心主动权在人本身，这里面透视出体制内外对人才重视、使用和成长环境的差别上。网信人才流失在中国长期存在，问题是现在依然没有停止，这一趋势虽然较以前好转，但外国加大拉的、争的力度，而中国没有做好留的、用的政策和实际举措，网信人才流失便势在必然，而且短期内难以逆转。据美国国际教育研究所 2017 年 11 月 13 日发布的最新

“门户开放”报告，2016—2017 学年一共有 350 755 名来自中国大陆的学生正在美国大学留学，比上学年增长 6.8%，占美国大学国际留学生总数的近 1/3，处于遥遥领先地位。

（四）网信人才机制存在缺失

人才机制的问题普遍存在，主要表现在人才评价机制、激励机制、选拔机制和用人机制等方面的缺失。近些年，网信领域人才流失问题比较突出，一些尖端人才悄悄流失国外，在国内引起了极大的争议，产生了不良的负面效应。由于人才待遇和薪酬激励机制不合理造成人才流失严重，优秀的网络安全人才流失国外，有不少成为外国企业和政府机构的骨干，个别成为黑客和网络犯罪分子。除了国内各大院校青年学子出国风潮不减，还存在高中及以下学生出国的潮流，导致生长和教育环境的不可控性和变动性增大。虽然近两年人才回国渐成潮流，趋势向好，但是毕竟还有一部分人才包括部分高素质的网信科技人才仍然留在国外，这是一个不可回避且需要正视的严峻问题。至今，政府、相关院校、科研机构和企业，还没有建立一套完整的、可信的人才测评机制、选拔机制和用人机制，尚未建立起统一的、科学的人才基本评价标准、选择标准和使用标准。

（五）网络安全和信息化人才缺口大

网信领域技术构成日益复杂、知识密集程度不断提高，对高技术人才特别是网信高端人才的需求不断攀升，培训周期明显延长，人才缺口问题越来越突出。目前的现实是，不仅网络安全领域各个层次的人才普遍短缺，而且信息技术人才缺乏。尤其是高端人才，即拥有全球视野、战略思维、前瞻眼光、创新意识和技术管理实力的高层次领军人才非常缺乏。据 2017 年 6 月的统计，北京邮电大学、电子科技大学等8所高校获批网络空间安全专业，北京印刷学院、太原理工大学等10所高校获批信息安全专业，还有4所公安院校获批网络安全和执法专业，加起来总共22所院校，显然远远不够。作为网络安全和信息化人才输出的重要阵地，我国高校学历教育每年培养的信息安全专业人才仅1.5万人，而总需求超过70万人，网络安全人才缺口高达95%。预计到2020年，需求量将达到140万人。此外，各个高校的教师需求量也是“万数量级”，而这个缺口非短时内可以填补。现阶段，大家容易看到技术人才缺口较大，事实上还有一些与网络安全相关的急需人才，比如开展新媒体传播、网上舆情监测、网上舆论引导、违法信息监测处置等领域的人才急需配齐。随着军事信息化程度的加深，知识密集型人才的需求日益突出，网信高端人才需求不断攀升，军队系统网信人才面临的形势更为严峻。即使按照《2020年前军队人才发展规划纲要》，专业技术人才和作战保障兵种（专业）生长指挥军官主要依托地方普通高等教育培养，种类生长干部培养比率军队院校与依托国民教育各占50%，目前这一目标尚未达到。

（六）网信人才制度有缺漏

长期以来，军地分属两个独立且封闭的系统，人才培养体系也在各自的轨道上独立运行，虽然个别行业存在军地融合的成分，但占比有限。一方面，国民教育体制对军队教育体制的把握和对接不够、不准；另一方面，军队教育体系过分强调自身的特殊性和敏感性，与地方缺乏融合的动力。地方一直以来将军队视为一个神秘的存在，有些时候甚至成为禁区，尤其在军工技术方面非常敏感，地方企业长期插不进去。网信军民人才制度层面尚未完全打开融合、融通的渠道，除了受一些传统、固化观念的影响，还受到现行军地利益集团的阻挠，担心动了其长期保有的优势和利益，还有一些坚守自己的利益地盘和权利地位，在制度上设置障碍。制度不健全、不完善，以及薪酬和福利等吸引人才的条件不足，传统安全企业的大量人才流入国外或者 BAT 等互联网公司，顶尖安全专家日益匮乏。近些年，人才流失一个直接的原因来自于，全球化背景下，网信领域懂技术、善管理的人才都属稀缺资源，世界各国都在争夺这些尖端人才，而且这些人才有条件在全球范围内选择，如果没有好的制度保障，可能不以民族国家论定，而以制度环境、科研条件和生活待遇作为依据选择。事实上，一些企业和机构由于网络安全人才缺乏，每年都会因网络攻击而产生重大的经济损失。军地网信领域的一些院校、科研单位，至今仍存在廉价使用青年人才，不重视人才的情况，住房、孩子入学、家属就业等现实生活和工作环境保障不力的情形仍普遍存在。

三、人才图腾：中国网信人才队伍建设的保障

维护网络安全和促进信息化发展不仅依赖于人才的数量，更依赖于人才的质量。对标“十三五”人才规划，依据《关于加强网络安全学科建设和人才培养的意见》，推动实施网信人才建设工程，力争建成政治强、业务精、作风好的网信人才队伍。网信人才队伍建设的保障，主要体现在以下五个方面。

（一）更新观念是发展网信人才队伍的前提引领

历史经验证明，口头上讲重视人才已讲了太多，事实上并不真正重视，核心在于观念不对或观念落后，对人才不重视或认识不到位。我们已进入一个全新的时代，网信领域技术发展日新月异，国家层面具有强烈的忧患意识和紧迫的追赶意识，需要网信人才观念跟得上。

十九大报告提出人才强国战略，网信军民融合人才需要在战略层面正确认识，真正解决人才观念问题。网络信息技术及其相关技术的迭代速度加快，对人才不是需求，而是渴求，需要树立真正不拘一格培育人才、使用人才的理念，军民联手，鼓励各层次人才追踪网信技术发展前沿，在制度上尤其在人才培育工程和人才评价体系等方面要有创新，需要调整思路、改变观点、更新观念，跟上时代的变化和现实的需求。对网信人才建设要树立两种观念：即战略观念和创新观念。

人才是网信军民融合之本源，需要从战略上去重视。事实上，人才强国战略贯穿、融通于其他各个战略，没有人才的强有力支撑，其他一切战略都将归于零。网信军民融合站在国家层面，要不拘泥于网络安全和信息化，或是军队和地方某个局部，要从国家大局和全局出发，谋划未来网络安全和信息化人才建设发展，从宏观的国家安全利益和长远发展出发去筹划，建立起畅通军地人才流动的绿色通道。网络信息时代，人才建设发展不拘一格，需要有创新性思维、方法和举措，墨守成规的观念不可能建立起合理科学的网信人才格局。网信领域是典型的技术密集、知识密集、人才密集领域，人才对网络安全和信息化建设至关重要。只有人才观念跟得上，才有可能通过军地人才兼容发展，在网信领域逐步建立人才优势，最终实现建设网络强国目标。

（二）扎实基础是牢固网信人才队伍的根本依托

基础主要指知识基础和理论基础。网络安全和信息化领域有许多需要求解的问题，既要观照现实，更要注重理论。基础理论不牢，实践地动山摇。网信技术基础理论突破是网信前沿技术突破的前提。基础理论研究，不仅要研究军民融合基础理论，还要研究网信领域的一些前沿技术基础理论。一些在世界上领先的、处于前沿的网络信息技术，核心支撑在于拥有雄厚的基础理论研究功底，以及对相关领域基础技术的全面掌握。加强基础研究，同样需要良好的制度和科研环境，为人才生成和发展创造重要的基础条件。制度上要有明确的规定，且具体执行中严格按照制度落实，为优秀的基础理论研究人才脱颖而出提供良好的制度保障。同时，政策上应鼓励和奖励基础理论研究的科研人员，使他们安心基础理论研究，为技术研发和成果突破奠定厚实的基础。

基础部分还有一个至关重要的因素就是，人才体制和机制的维护和建设。网络安全和信息化军民融合要真正发挥作用，必须要建立以人为本、以人才为本的运行机制。数据驱动安全2.0是建立以人为核心的一个成功的安全体系，即通过云端大数据平台赋能产品，让产品更加聪明；赋能人，让水平普通的安全人员完成复杂的，特别是面对高级威胁的能力，利用云端能力去解决。对网信人才生成和成长壮大而言，最好的机制就是减少行政层级，缩短行政链，弱化官僚架构，使人才机制遵循科研和科技创新的原理有效运行。

（三）开拓源头是盘活网信人才队伍的重要方法

中国网信人才建设发展源头无非有二，一为内生，二为外引。

1. 内生途径

第一，高校教育。这是最基础的人才生长路径。依据网信领军人才、高端人才、青年专家、特殊人才选拔培养计划，国家层面已设立了网络空间安全一级学科，授予了29所高校网络空间安全一级学科博士授权点，创建国家网络安全人才与创新基地，未来还需要在加强一流网络安全学院建设、学科建设、培养方式等方面做持续的综合性努力，前瞻性地加强人工智能、大数据等新兴学科和专业的建设，加强一些交叉学科的联合研究，促进出现人才批量产出，确保人才培养质量，满足网信发展需求。

第二，产业带动。网络安全和信息产业是人才生成的熔炉。网信领域产学两界交叉最为紧密，互动最为密切，互利互惠性也最强。相较于院校，企业是人才成长的实践环节，重在实战锻炼和磨砺，带动人才快速成熟。网络信息产业是新兴产业，也是朝阳产业，处于快速上升期，国家、社会应多支持企业尤其是私营企业带动一大批网信人才出现。企业通过提供良好的工作平台，挖掘、牵引和拉动人才，通过研发、生产、应用和推广，使他们在前沿企业和行业的实践中百炼成钢，尽快成才。与此同时，基于企业的集聚优势，围绕示范基地主导产业发展需求，培养和引进“高精尖缺”专业技术人才。支持示范基地骨干企业与高校院所合作，共同建设研究生培养（实习）基地、行业公共（共性）技术平台。组织实施示范基地“博士服务团”“专家服务团”行动计划，带动和推动人才队伍不断发展壮大。

第三，产学研多管齐下。产学研联手配合，创新网信人才培育方式。2017 年 4 月，百度启动了在斯坦福大学和麻省理工学院等美国顶尖大学的首次招聘活动。百度还在硅谷建有一间颇具声望的 AI 实验室，重用年轻学子进行创新发展。中国一些顶级安全公司开始尝试推行校企合作计划培养人才，实现强强联合，优势互补，联合推进军地网信人才培养，尽快弥补人才不足的短板。360 公司建立了自己的网络空间安全学院，还分别与武汉大学、西安电子科技大学合作创建了网络安全创新研究院，这些都是培育和开发人才的很好尝试。一方面，360 公司拥有很强的团队和技术积累，也有实战环境，在实验室建设方面对学校网络安全实验室建设具有很强的帮助和推动作用。另一方面，360 公司可以得到源源不断的人才补充。作为民营企业的优秀代表，安天科技公司已成功举办了四届网络安全冬训营，分析当前网络安全面临的严峻形势，展示安天科技公司在网络安全应对上的最新成果和技术能力。

第四，汇集社会人才。网络空间散布着各类社会性人才，比如白帽、黑帽等，这些各自为政、为战的人才，需要以网络安全和信息化建设需求为主导，将其有机统合起来，配合运用，形成一个有机补充又相互支持的具有战略意义的人才团队，有力支撑制信息权和战争制胜权。

第五，搭建平台。为网信人才融合搭建平台，为人才生成提供良好的环境。这样的平台可在不同地方、不同领域，以不同的方式呈现，网信相关部门要支持和用好这些平台，通过平台积聚人才、分流人才，发挥平台的重要纽带作用。

2. 外引途径

外引需要制定一系列配套的优惠政策，使之成为招揽和吸引人才的重要手段之一，加大人才引进力度，不断壮大网信人才队伍。

第一，挖掘和引进成熟的外国高端人才。重点引进芯片设计制造、大数据分析、挖掘与处理的高手，同时挖掘利用一些中小国家的技术源，比如以色列、乌克兰等国的先进网络安全和信息技术，通过合作互利互惠。

第二，引进在外国读书和工作的中国留学生和外国青年才俊。网信人才必须要面向世界、面向年轻人，通过各种渠道引进人才。中国出国留学的人数持续走高，其中有部分回国发展，可以通过各种优惠办法将其吸引回来。与此同时，对一些重点专业，还可通过提供留学生奖学金和提供工作便利等优惠，将人才纵向渠道向前延伸至高中生，使他们更早进入中国人才引进议程，同时还可将一部分人才并行纳入外引人才储备库。此外，还可考虑调整引进和使用人才政策。优客工场创始人毛大庆在第四届世界互联网大会上提出，中国应尽快推动出台《移民法》，引进外国年轻的优秀人才，这一倡议具有现实针对性、前瞻性和可操作性。

第三，开展国际培训。除了国家官方层面的机制化交流合作，军队和地方还可探索联合开展各种形式的国际培训和研讨交流，了解网络安全和信息化国际前沿技术和产业发展动态，通过参与其中、沉潜其中，培养一批高素质新型网信人才。

（四）走正路子是培育网信人才队伍的基本保证

“正”指网信人才培养要直面问题、正向应对。直面，就是面对现实，从问题入手，由问题牵引，通过问题育人才。正向，就是人才培育要正面入手、正途求解。对中国来说，正路子主要表现为争人才、用人才和储人才。

第一，争人才。争人才就是争天下英才。全球化背景下，人才尤其年轻人才全球流动、全球选择、全球竞争。大国网络竞争，争的核心是人才、是关键人才，有了这些人才，核心技术和关键技术优势就有了保障。网信军民融合首先需要联合起来在国际市场上争人才，争到为我所用人才，尤其对漏洞挖掘、软件编程、数据库建设管理等尖端和稀缺人才加大引进力度，采用灵活争夺和吸引的方法。如何争到人才？关键是需要建立良好的生活、工作环境和条件，吸引人才，激励人才。要加大海外高端信息技术人才引进力度，探索建立技术移民制度，提高全球配置人才资源能力。对这部分人既要有生活上的照顾和保障，还要有心理上的关怀、帮助和激励，在精神上让他们享有成就感、满足感。

第二，用人才。中国拥有世界上最丰富的人才库，关键是怎样培养和使用。用好人才产生正效益，用不好则产生负效益。网信领域的人才多数年轻，思想活跃，应鼓励他们在网信科技领域去冒险探索，既崇尚成功又宽容失败，让他们在不懈的追求中实现自我价值的同时，为网信事业贡献才智。网信部门需要制定特殊政策，推动实施适应网信特点的人事制度、薪酬制度、人才评价机制，加大对网信领军人才的支持力度，培养造就世界水平的科学家、网络科技领军人才、卓越工程师、高水平创新团队和信息化管理人才。用人才要用在重点地方、重点领域、重大项目、重要时刻，充分调动和激发他们的积极性和创造性，让这部分人在最佳时间（年龄）担当最佳角色、发挥最佳效能、做出最佳贡献，推动创新技术应用。

第三，储人才。着眼网络安全和信息化发展，推进产学研结合，构建起梯层配备、领域齐全的人才结构，形成人才储备、生成和流动的良性循环。网络安全和信息化技术从研发到应用有一个完整的周期，没有捷径可走。阿里云人工智能科学家、人工智能孵化团队负责人闵万里博士认为，机器学习、人工智能要有原创性突破，需要整整一代人的努力。网信人才建设基于需求，要瞄准前沿发展，及时根据形势调整和跟进补充各类人才，形成一、二、三线人才递进的配置。此外，还可通过其他方式培养网络安全和信息化发展的预备役力量，建立军地通用的网信人才数据库，以备需要时动员和调用。

（五）多样化方法是生成网信人才队伍的实现途径

网信人才生成方法很多，主要包括舍得投入、加强培训、增加交流和善用竞赛等。

第一，舍得投入。这是人才培养的基本保障。网信人才培养、开展研发和实验是需要钱的。需要来自政府、企业和社会的联合投入。近些年中国人才建设投入持续增加，但是较西方发达国家还有不小差距，未来需要持续加大对网络安全人才工作的支持力度。李开复称，硅谷深度学习的人工智能博士生，一毕业就能拿到年薪200万~300万美元（相当于美国大学生平均终身薪金的230万美元，远超美国高中毕业生的终身薪金的130万美元）的offer，这是史无前例的。

第二，加强培训。职业培训是强化网信人才培育的重要手段之一。针对不同对象、不同技能、不同功能设计培训计划，通过灵活多样的方式联合培育人才，形成不同层次且相互支撑的人才培训体系。除了本行业常规和定期举办外，军地还可以多进行跨学科、跨业务、跨行业、跨区域的联合培训与交流，完善职业培训体系，提高科技成果推广，提升网信人才队伍的综合素质、业务水平和整体能力。按照现实网络安全需求和网络战需求，依据专业、任务和岗位，有针对性培训所需人才，满足网络安全和信息化发展需要。

第三，增加交流。网络空间本身是一个开放性平台，网络安全和信息化人才基于国内，同时面向国际，可通过增加交流加速人才生成。基于网络安全和信息产业需求，纵向、横向、多维交流，通过官方、民间和智库等多种方式，研讨网络技术前沿问题和网络安全难题。国内几乎每个月都有多场由官方和民间联合组织举办的网络安全和信息化相关会议和研讨交流活动，就网信领域存在的问题讨论碰撞，促进人才在交流中成长。国际上或以官方正式友好交流的方式，或以民间、学界和商界论坛的形式，扩大网信交流圈和朋友圈，共同推动网络安全和信息产业发展。

第四，善用竞赛。网络安全竞赛是网信人才发展、培养和选拔的重要手段之一，也是完善网络安全教育培训体系的重要环节。围绕网络安全急需的技术难点和突破口，军民联合设置擂台，模拟真实场景，以竞争比武的方式，聚天下英才，适者选用、胜者选用。除了国家层面计划进行的“强网杯”网络安全挑战赛，企业也越来越多地举办各种形式的竞赛，推动提升参赛网信人才的技术、沟通、协调和领导能力。未来可进一步扩大网络安全竞赛的覆盖面和参与度，按照行业、技术门类增设一些竞赛事项，尤其要举办青少年网络安全竞赛，选拔一些有特异禀赋的网信人才，同时锻炼网络安全人才的攻防能力，以赛带学、以赛促学，建立起军地网信人才团队。此外，还可面向全球，定期举行各种形式的擂台赛，进行公开比武，发现网络攻防人才。

第五，建立模式。网信军民融合多个主体融入其中，需要合力尽责，探索出适合中国国情、全民动员、军地合力的人才生长新模式。制度层面，可探索改进人才培养模式，建立完善国家网信人才创新基地，创建一流网络安全学院和创新园区，推动高等学校与企业联合培养人才，积聚一大批军民两用和通用人才，形成网络安全人才培养、技术创新、产业发展的良性生态。依托一些重大网信项目，在一些重点和前沿领域磨炼出一批网信相关领域的专业人才，最终构建起一支高层次、高素质的网信人才队伍。

参考文献

[1] 中共中央办公厅国务院办公厅：《“十三五”国家网络安全规划》，2017 年 1 月 24 日。

[2] 潘桂廷. 网络安全教育十问十答 [J]. 中国信息安全，2017 (10).

[3] 范渊. 安全人才要理论与实践能力兼备 [J]. 中国信息安全，2016 (12).

[4] 张子利. 统筹推进网络强国和信息强军建设 [LO/DB]. 求是网，2016-10-14.

[5] 张宏莉，于海宁，翟建宏，余翔湛. 网络空间人才培养的规划建议 [J]. 网络与信息安全学报，2016 (3).

第七部分

借鉴篇

网信军民融合是一篇大文章，如何推进网信军民融合发展，对中国来说是一个新课题，也是一个新挑战。网信军民融合既要立足国情军情，也要放眼寰宇，学习借鉴他国的网信融合之法。主要网信大国虽未明确提出网信军民融合概念，但军民融合程度高，在网信领域内的政策、技术、人才、产业等方面有很多值得我们参考借鉴之处。

一、他山之石：主要国家网信军民融合政策法规

国外主要国家非常重视网络安全，高度关注信息技术等高新技术的科研与应用，出台了各类法规政策给予保障。目前政策法规发展水平不一，有的比较详尽，有的散于相关法规战略与具体政策、倡议等之中，但总体上有很多值得我们借鉴之处。

（一）美国政策法规体系完备，军民融合法制健全

近年来，美国十分重视网络空间安全，接连发布网络空间战略文件，强调网络空间军民融合发展，提出将政府民事机构、军事力量、私营企业、学术精英以及普通民众等多方力量整合起来，实现多要素融合，指明了战略方向，也列出了一些具体规划与方案，成为美国网络空间军民融合的顶层设计。

奥巴马第一任期的美国政府先后发布了《网络空间评估政策》《可信网络空间：联邦网络安全研发战略规划》《网络空间行动战略》《网络空间国际战略》等战略文件，这些战略文件表述了美国政府对于网络空间的基本政策。此外，还公布了《大数据研究和发展倡议》《云计算战略》，确立了基于大数据的信息网络安全战略，并提出运用成熟的商业技术推动云计算在军队中的广泛运用。

2015 年 4 月，美国国防部新版《网络空间战略》更加突出了军队与其他政府机构、私营部门等的合作，提出了加强网络安全信息共享等措施。同年 7 月，颁布关于高性能计算机的总统令，要求国防部、能源部等，联合推进百万兆级超级计算机的研发进度。2016 年 2 月，美国政府公布《网络安全国家行动计划》，提出成立国家网络安全促进委员会、加强关键信息基础设施安全和恢复力等。

2016 年年底，美国通过《国防授权法》，将原来从属于美国战略司令部的网络战司令部提升为独立的统一化指挥单位，构成了总统—国防部长—作战司令部司令的网络战指挥体制，进一步提升了网络战的战略地位和作战价值。同时，赋予网络战司令部更大的网络反制权，允许其充分利用技术优势，主动发起网络攻击，并要求具备进入并潜伏在任何公开或封闭的计算机网络的能力，平时窃取信息，战时先发制人；能够随时发起欺骗和拒止等攻击，无形中破坏对手的情报处理、指挥决策和武器控制等军事信息系统，并且秘密地破坏和控制对手的民用网络信息系统。

2017 年以来，种种迹象表明，美国已确立了“以攻为主、先发制人”的网络战战略方针，攻防态势“由守转攻”。2017 年5 月11 日，美国总统特朗普签署了《加强联邦网络和关键基础设施网络安全行政令》，旨在改善美国网络安全，提高网络安全水平。同年 12 月 18 日，白宫公布《国家安全战略》，着重强调了保护网络安全。目前，美国政府正在筹划新的网络安全战略。

（二）英国政策理念紧跟前沿，法规制定快速跟进

2011 年，英国政府发布《国家网络安全战略》，提出军民合作建设、保障网络空间安全。2012—2014 年度每年更新，并上报战略实施进展情况。2016 年，英国政府发布《国家网络安全战略 2011—2016：年报》，分析从 2011 年开始实施的共投资 8.6 亿欧元国家网络安全计划的影响及闪光点。同年 9 月，又发布《2016—2021 国家网络安全战略》，提出争取在 2021 年让英国成为安全的数字国家，具备网络弹性；明确了与私营和公共部门合作，确保个人、企业和组织采用有效措施保持自身的网络安全。同年 10 月，英国国防部发布的《国防技术战略》公开版，从国家的层次和角度描绘了未来 20 年内国防技术研究与开发的需求和目标，

无人机系统、电子战设备和机载雷达被列入了关键技术。

2017 年 10 月 30 日，英国国防部发布的《科学与技术战略 2017》提出，将继续把重点放在为武装部队当前和未来提供可持续、最先进的科技。为了实现这一目标，将维持关键的科技能力，支持国防成为“智能客户”，支持以业务为中心的成果，支持科技的拓展运用纳入体系和国防能力。在推进国防部和更广泛的国防与安全创新生态系统相连接等方面，科技发挥着另外一种关键作用。英国国防部的科技圈将采用一种协作性的方式来执行国防部的核心研究并维持科学与技术能力，包括与工业界、学术界、盟友合作，以及在政府内部展开合作。

（三）法国提升网络安全层级，政策法规逐步完善

法国政府在前期公布《网络安全与防卫白皮书》《信息系统防御与安全：法国战略》《国防与国家安全白皮书》基础上，2014 年 2 月，法国国防部颁布的《网络防御协定》（Cyber Defense Pact）是网络安全相关的又一指导文件。该协定包括通过加强信息系统安全水平与国防部及其主要信任伙伴的防务和干预能力来增强信息系统安全，在布列塔尼地区为国防部和国家网络防御团体开设网络防御中心等 6 个中心。

2015 年 10 月，法国政府颁发《法国国家数字安全战略》（French National Digital Security Strategy），反映了法国对网络空间和数字安全的核心主张和总体安排。法国国防部与国家信息系统安全机构将会继续实现可操作的网络防御储备，应对重大信息技术危机。强调法国的数字安全需要私营部门、政府机构以及大量用户团体的协同，不同团体和部门需要做出具有双向约束力的承诺，政府需要将技术和信息分享给私营部门，在具体项目和计划中明确政府不同部门的职责和协作。

（四）德国加强立法，政策法规具备可操作性

2011 年，德国政府出台首部《网络安全国家战略》，首次指出网络犯罪、恐怖活动以及针对关键基础设施开展的网络攻击是影响德国网络安全的三大重要因素，提出加强对关键信息基础设施的保护力度等安全措施。

2015 年 7 月，德国议会通过《德国网络安全法》，旨在进一步充实德国网络安全保卫部门的力量。同年年底，德国议会又通过了《信息技术安全法》，该法进一步完善了德国信息基础设施保护制度；强化政府的网络信息安全管理能力，保护网络空间政府、企业和公民安全等。

2016 年 11 月，德国政府发布新版《网络安全战略》，应对越来越多针对政府机构、关键基础设施、企业以及公民的网络威胁活动。根据新战略，德国政府将采取保护信息系统安全，成立网络应急响应中心，成立网络安全委员会等十大方面举措。此外还呼吁公私机构间共享网络威胁与攻击相关信息等。

（五）日本起步较早，政策法规兼具时效

2000 年后，日本曾先后制定了《信息技术基本法》、“电子日本”（e－Japan）战略、信息战略计划、《第二份信息安全基本计划》《日本保护国民信息安全战略》等，时间跨度长、内容涉及面广。

2014 年 11 月，日本国会通过《网络安全基本法》，旨在加强日本政府与民间在网络安全领域的协调和运用，更好地应对网络攻击。基本举措包括确保国家行政机构等的网络安全，确保重要社会基础设施企业等的网络安全，促进多种主体的合作等。

2015 年 9 月，日本政府颁布新版《网络安全战略》，重新评估

日本网络安全面临的形势，提出了新的日本网络安全战略的目标、原则、措施；确定了日本网络安全的体制和未来方向，着眼于物联网的普及；提出要采取应对措施，针对日益巧妙的网络黑客攻击提出了多项强化措施等。

日本防卫省2016年发布了《防卫技术战略》及配套的《中长期技术规划》，明确了未来20年18个领域的军事技术发展方向，情报感知、电子攻防、网络空间、指挥通信等电子技术均列入；同时提出推进“民转军”两用技术的重点领域，主要有超大容量高速通信、量子加密、量子传感器、微机电系统、脑科学、人工智能等。

（六）以色列高度重视，政策法规针对性强

以色列十分重视制定符合国情的政策，从国家高度对网络安全治理和网信军民融合等进行调控。2010年，以色列国家安全委员会评估小组向总理提交了《国家网络计划》报告。2011年4月，国家网络行动小组（National Cybernetic Task Force）提出《2010国家网络倡议》。

2011年8月，以色列政府公布《2011以色列国家网络战略》，强调了网络安全领域的军民合作，共同推动以色列网络空间能力建设，改进国家网络安全治理水平。同月，以色列政府颁布的第3611号决议《提升国家网络空间能力》，被视为以色列网络安全政策的指导方针，该决议通过鼓励学术界、产业界和私人、政府以及军情等部门的合作，提升国家在网络空间方面的能力。

2015年11月，以色列国家网络局公布了新版《国家网络安全战略》，其目标之一是通过加强不同部门之间的合作提升网络安全水平，维持以色列作为全球网络强国的地位，同时实现其经济、技术与外交利益。

二、精进之路：主要国家网信技术军民融合发展

主要国家军民技术合作历史较长，融合程度较深，在网络、信息技术等新领域，各国均高度重视技术融合，既依托现有融合机制，又着力通过创新驱动技术融合发展。随着互联网应用突飞猛进，IT等网信技术飞速发展，主要国家大力推进网信技术军民一体发展。近几年，主要国家通过军民融合推进了人工智能、云计算、大数据、物联网等新兴技术快速发展。

（一）美国网信技术融合创新引领

创新引领是这一轮世界军民融合发展最鲜明的特征。近年来，美国不断加强美军与私营企业、科研机构的无缝对接，非常重视如何更快更有效地促进网信技术融合，技术研发方法和途径十分值得借鉴。以下主要介绍美国国防部高科技军民融合具有代表性的创新机构、运作模式及关键领域，以资借鉴。

国防高级研究计划局（Defense Advanced Research Projects Agency，DARPA）引领融合。美国网信军事技术的研发依托国防部、科研单位、工业界、大学等多个部门联合进行，而DARPA是其中核心一环。一是与工业部门（企业、科研机构、实验室包括在内）签订项目合同，进行专项技术的合作研发或委托研发。目前，在其网站公布的217个在研项目中，有180余项涉及网信技术，其中直接涉及网络安全、网络通信等技术的有21项，如国家网络靶场（NCR）、X计划、网络超级竞赛（CGC）等项目。二是与小公司签订项目合作协议，支持创新技术研发。DARPA的小商业创新研究（SBIR）/小商业技术转让转移（STTR）和商业化支持计划（TCSP）是为支持DARPA资金支持的SBIR/STTR项目转

让和商业化计划活动设计的。三是与大学等机构签订合约。研究型大学与 DARPA 的联系则主要聚焦于军事技术的基础性研究领域，以及一部分的应用性研究领域，DARPA 很多网络技术项目都依托大学等机构完成。

国防创新实验单元（The Defense Innovation Unit Experimental，DIUx）加速融合。美国国防部还在积极调整变化适应新的时代，开辟“第二战场”。DIUx 自 2015 年 4 月成立后，已升级为 2.0 版本，基本覆盖全国范围。升级后，主管直接向部长办公厅报告；拥有独立的合同权和经费预算权；拥有新的扁平化、合伙制领导组织架构。DIUx 总部设在硅谷，在波士顿、奥斯丁、国防部五角大楼设有办公室，这几处选址，无疑是看中了当地星罗棋布的高校、科研院所和全球闻名的高新技术企业等优势，以便军方的触角能更快速和便捷地进入当地的创新生态系统。DIUx 效率很高，会在 60 天之内与意向公司签署合同、拨出经费。团队第一份合同在 31 天后就签署完成。截至 2017 年 9 月，DIUx 已经为 59 个实验合同和 2 个后续产品合同授予了 1.84 亿美元，这些合同范围主要在自主能力、人工智能、信息技术和空间领域等。总的来看，DIUx 颠覆了美国传统意义上的国防技术创新模式。

长期研究和发展规划项目（Long – Range Research and Develop Program，LRRDP）着眼长远融合。该项目于 2014 年 10 月启动，目的是为实施第三个“抵消战略”，确保美国军事主宰地位的长期延续。该项目规划的概念和技术，可在未来 5 年内转入发展计划。国防部在 2014 年 12 月发起的 LRRDP 信息征询工作获得积极回应，其中许多是来自“非传统”的私营企业，这些回应中包括大量大数据分析研究，对于国防部影响巨大。美国国防部前常务副部长沃克曾表示，LRRDP 的初步调查结果建议美军建立无处不在的、独立的各类情报侦察系统，并且它们可能是赛博防御的第一线。

LRRDP 突出了有人驾驶和无人驾驶装备编组和大数据分析与先进计算领域的潜在进步。

美国不断提升网络空间作战能力，强化网络安全建设。近年来，美国大力渲染其面临严峻的网络安全形势，持续炒作“中国网络威胁论”，试图缓解“棱镜门”事件的负面影响。一些拥有尖端网络安全技术的私营部门与美国政府合力发声，对中俄等国制造舆论压力，树立网络战争假想敌。为了有效维系网络霸权地位，美国网络国防预算连年保持增长，网络空间军备竞赛愈演愈烈，网络司令部不断升级，正在美国积极推动网络安全领域建设。

美国是打造网络空间军事力量的始作俑者。2013 年公开承认建有专司“进攻”任务的网络战部队，然而网军建设始终都不是国防部一家的单打独斗，军民融合已经是美国网络空间力量建设与运用的基本思路。美国十分重视网络演习中军民联合协作、多种力量的运用。2016 年 3 月，美国国防部启动了一个黑客参与的网络安全演练项目——“黑掉五角大楼”计划，共有 1 400 名美国黑客参与了攻击测试。这是美国网络空间战略的一次突破性实践，反映出一种全新的网络空间军民融合思路。2016 年 6 月，美国网络司令部又举行一场大规模网络攻击演习——“网络卫士—16”，美国五角大楼、联邦调查局、国土安全部以及众多非政府部门的人员参与其中。美国持续开展网络空间安全演练的主要目的是通过“军攻民防、军助民防”的演练形式，检验提升美军网络攻击能力和政府、企业的网络安全防御能力，推动军民多部门协作机制的建立和完善。

2017 年 3 月，美国网络司令部司令、海军上将迈克·罗杰斯在 West 2017 大会（由 AFCEA 国际与美国海军研究所共同于圣迭戈主办的海上勤务会议）上探讨了该司令部未来五到十年的发展规划。（AFCEA 为国际性信息技术、通信与电子协会，其成员为来自政府、行业及学术界的专业人士。）此次大会上的议题包括在战争战术层面实现网络整合、遵循特种作战司令部所使用的架构对网络司令部进行模型构建、网络司令部人员组成以及网络司令部与私营部门间合作关系等内容，且全部着眼于未来五到十年这一发展周期。

（二）英国网信技术融合发展迅速

2011 年至 2016 年英国花费 8.6 亿英镑用于技术开发等国家网络安全建设，构建军民兼容的技术创新体系已经成为提高英国网络技术水平的重要支撑。

英国政府及国防部，鼓励更为广泛的供应商成为国防技术的直接供应者，这使得英国技术创新活动更加开放化。国防部国防科学与技术实验室（DSTL），将具有民用价值的非密军用技术推向市场，同时大量吸收民间高端技术。DSTL 下属国防企业中心（CDE），支持英国政府的“小企业研究创新”（SBRI）计划，促进工业部门的技术创新及国防应用潜力。CDE 可利用其开放式创新平台，披露英国在防务和安全方面所需的网络等新技术，并支持中小企业加速将可用于商业应用的技术投放市场。英国国防部还专门投资 1 000 万英镑与英国国防解决方案中心（DSC）合作，开展“英国国防经济增长合作伙伴（DGP）创新挑战”活动，活动已确定英国国防部在 SBRI 计划中将投资的 7 个领域，主要包括：无损检测、开源大数据洞察、赛博空间理解与交互、空中持续监视等。此外，英国国防部为了加强国防工业对网络攻击的集体防范，还专门开展了一些网络安全项目，其中，国防网络保护合作项目（Defence Cyber Protection Partnership，DCPP），就是英国政府与 9 家大型防务公司建立的合作项目，该项目将为供应链中的小型公司建立更高的安全防范标准。

为促进国防技术转移，英国国防部、技术学会、科研单位均成立了管理和从事技术转移的机构。国防部实施了技术转移倡议，采用合作研究、专利许可证贸易、技术转移信息平台、科技中介机构推介等措施，推动科技成果的快速转化应用。国防研究信息中心负责收集并将技术成果信息向军队、科研单位或社会公开发布。另外，英国政府还建立了一些两用技术中心（DUTCs），如系统与软件工程中心、信息处理与电信革新中心、超级计算中心等，对技术转移进行研究。

英国还不断巩固技术优势和实力，建设高端研究机构。为了强化在大数据和算法研究方面的领先地位，英国政府于2014年出资建设图灵研究所（Alan Turing Institute，ATI）。美国政府还组建了开放数据研究所（The Open Data Institute，TODI）和哈瑞超级计算中心（The Hartree Centre，IHC）。此外，英国正在筹建“研究与创新组织”，预计2018年4月建成。这些联合创新组织都会源源不断为美国国防部提供最新的网信技术支撑。

（三）法国网信技术融合逐步深化

法国重视技术创新，通过网信等通用技术的军民融合提升技术发展质量，并融入国家整体创新生态，推动军民共同发展。

法国政府积极鼓励工业界投资参与到科技研究中来，并号召包括国防系统的科研机构与企业建立合作伙伴关系，坚持相互间的战略对话。国家研究与技术基金拨款要向具有这种伙伴关系的研究开发项目倾斜，以便促进高技术，特别是推动网络安全、信息技术等技术的发展与应用。法国国防部通过扶持竞争力集群，采用国家科研署共同资助项目以及国防科研技术工作的特别支持部署等方式参与到促进科研和创新的政府行动当中，网信等通用技术方面的协同作用也通过对中小企业和学术实验室创新项目的资助发挥出来。同时，引导民间研究组织在国防部所需网信等技术研发上发挥作用。

为适应新的世界形势并增强竞争力，法国政府不断推出由国家牵头，鼓励创新的项目和扶持计划。由国家牵头设立的项目在投入经费、设备、人员等方面都具备有力的保障，能够吸引更多有实力的大型军工企业、中小企业参与其中。近年来，法国政府又陆续启动了多项鼓励科技创新的项目。如“创新集群计划”、基于创新的“投资未来计划”“全球创新大赛”“法国技术”“法国欧洲 2020——研究、转化与创新战略议程”等科技创新促进项目。

法国国防部重视政府部门之间的科研合作，早在 2001 年法国国防部与法国科研署达成了一项“科技合作协议”，以协调两部（署）的科技政策，加强两部（署）的科技创新项目合作等。法国网络和信息安全局（ANSSI）主管的信息系统安全作业中心（COSSI），探测和减轻对国家信息系统关键基础设施的攻击。国防部网络防御行动分析中心（CALID）提供对网络攻击的实时探测、分析和反制。从 2013 年年底开始，COSSI 和 CALID 均被安置在巴黎，促进相互之间进行对话及互助，加强了单位间信息与技术等内容的分享、交流、合作。

（四）德国网信技术融合全面展开

德国的国防科研几乎全部由民间企业、地方科研机构和高等院校承担，这样的供需关系使得德国的国防工业科技和民用工业科技融合基础较好，军队技术创新已完全融入国家创新体系中。

近年来，为使联邦国防军在网信领域保持技术优势，德国国防部把加快发展网信技术研发合作等作为科研工作的重点，日渐加强与主管民用科研的联邦研究与技术部的合作与协调，以促进工业界参与网信技术等的开发。国防科研创新的骨干力量是地方上的科研院所、高等院校和工业界的研究机构。德国国防部在科研规划的基础上确定从事科研工作的民间科研院所有关项目总体任务，并协调各院所的工作、提供基本资助、监督经费的合理使用并组织对研究成果进行检查和鉴定，任务方根据需要承担保密义务。德国的这种科研体系，使军工生产更好地纳入了市场经济的轨道。

德国政府和军工企业强调发展网信技术等通用技术，重视其军民间相互转换和利用，并给予资金支持。德国拥有众多规范的专业化中介机构，如德国技术转移中心、弗朗霍夫协会和史太白技术转移中心等，这些中介机构充当了政府、国防部与企业之间科技信息落地的桥梁。这些中介机构对政府资助科技项目进行立项评估、项目监督、知识转移等，有效促进了技术创新成果转化。

（五）日本网信技术融合不断拓展

日本通过网信技术等的创新、合作和转移，实现民用技术向防卫领域应用，军用技术向商业等领域应用，是军民融合发展的重要体现，目前网信技术的军民融合业已成为重点。

日本坚持通过科技创新巩固军民融合发展。日本在网信技术发展上坚持自主、扩散、扶持三项原则。技术自主是指在生产领域能够尽可能地使用本国独立的技术，坚持技术国产化成为日本的一项长期战略。日本的大数据、云计算、机器人技术等均处于世界领先地位。技术扩散是指优秀技术通过技术转移，拓展到各个领域或生产企业，同步地提升整体科技研发水平。日本物联网技术能够全球领先，与日本政府大力推广应用不无关系。日本政府对有能力创新和开发新技术的企业和研究机构进行大力扶持，如将 2017 年确定为人工智能元年，并在 2017 年政府预算中，多个部门对人工智能技术研发给予了资金支持。由于防务省与日本企业及研究机构的供需、合作关系，此类最新网信技术通常能够转为军用。

近几年日本防卫省逐步开始与大学和研究机构展开数据交流、技术开发及设施共享等活动。防卫省展开了直接面向以大学、独立行政法人和大学自办企业为主的法人提供研究费用的募集活动。资助具有强大科研实力的一流大学开展网信技术等项目研究。为提高政府整体网络、信息安全水平，防卫省和自卫队积极贡献力量。在内阁官方举行的众多网络攻防训练中，防卫省和自卫队积极参与和支持，提供网络攻击手段和技术发展趋势信息，积极向政府网络安全行动协调小组派遣人才，向信息安全紧急支援小组派遣援助人员；通过监督检查活动，提高签订防卫采购合同企业安全水平，争取与防卫企业共享诸如最新网络攻击手法等信息；充分利用政府搭建的官民信息共享平台，积极提供关于网络攻击手法和技术发展趋势等信息。

（六）以色列网信技术融合独树一帜

以色列网信技术融合发展前期主要表现在军转民方面，近年来，随着民企、高校等在新技术方面的实力大增，以色列政府不仅积极推广军转民技术，还不断扩大军民合作，民技军用。

以色列政府采取多种手段积极促进军民之间成果转化，并取得了显著成效。以色列的军用网信技术已经在计算机软硬件开发、娱乐模拟系统等方面都得到了广泛应用。以色列最大的科技企业Check Point，其最早的技术源于军用防火墙系统，后来转型成为著名 IT 安全解决方案的供应商。以色列国防军网络安全学院 2016 年 3 月宣布，国防军正在研发一个号称无法攻破的“超级安全”安卓操作系统。在初始阶段虽然是为士兵研制，但不排除今后会转入民用市场。

以色列政府通过军民合作开展课题研究、新技术开发等方式，为推进以色列网络安全与信息化整体发展提供充足动力。以色列军方积极加强与网络、信息安全研发机构合作。以色列国家自动控制特遣部队，主要负责支援大学网络安全的研究工作，并负责开展包括军用、民用范围内的网络安全课题研究。以色列军方网信项目通常采取民营企业或地方公司参与招投标，共同合作完成开发，技术实现后，既可投入军用也可以转入民用。2012 年 10 月，以色列国家网络局与国防部联合推出军民两用的网络安全研发计划“马萨德计划”（MASAD），所有公司及科研机构都可以参与其中。同年，以色列国防部启动“数字铁穹计划”，由政府机构和私企合作开发，计划建成庞大网络安全系统，目前这一网络系统集成尚在开发之中。2013 年，以色列国家网络局与首席科学家办公室合作启动了“卡迪玛计划”，即“促进网络防御研发计划”。

三、育人之道：主要国家网信军民融合人才培养

作为网络安全和信息化建设的核心“软实力”，人才培养已进入主要国家战略层面。通览各国网信相关战略，人才培养已经成为不可或缺的一部分。美国早在 2011 年就发布了《网络安全教育战略计划》为人才培养谋篇布局，英国在《网络安全战略》中明确加强网络安全专业人才队伍建设，日本、德国、法国等国家也着重强调网信人才培养。网信技术发展飞速，主要国家网信人才培养已融入国家人才培养体系，加强军地交流与合作培养。

（一）美国经验丰富，网信人才融合培养灵活实用

美国高度重视网信人才的关键作用，通过实施多元化的人才培养措施，为培养网信技术人才积累了丰富经验。

1. 优良条件带动人才成长

美国国防部通过不断打破体制瓶颈，吸引优秀人才。允许国防部在招募地方高技术人才，特别是招募和使用网络安全技术人才时，不按照惯常方式确定军衔等级，而是根据其技能和经验灵活定级。网络技术军官晋升也无须遵循常规的服役年限等条件，并为表现极其优异的个人建立了升迁快车道。对于文职技术人员，同样进行了优化调整，例如，允许各军事部门直接赴校园选拔物色人才，极大缩短了常规文职招聘时间和繁琐流程。这些举措势必激励网络人才不断提升专业能力素质。

2. 军地部门合作育人

首先，美国各大高校和科研机构是美国政府部门的重点合作对象。美国国家安全局、国土安全部、国防部都与国内高校合作，通过为网信技术人才提供专项奖学金和课程安排，为细分的技术领域人才培养提供专项支持，培养军地网信人才。目前，已有逾200 家全美各地高校加入各项学术卓越中心计划，成为网信技术人才培养的摇篮。其次，美国国防部大力推动网信人才交流，搭建军民交流平台。推动了信息技术交流项目（Information Technology Exchange Program，ITEP）、国防部长企业职员计划（Secretary of Defense Corporate Fellows Program，SDCFP）、国防数字服务项目（Defense Digital Service，DDS）。此外，针对退出现役的网络技术人员，国防部则与退伍军人事务部等部门合作，提前谋划退役技术人员在地方部门的工作安排，使其从事任务性质大体相近的工作，形成网信人才培养闭环，贮备人才。

3. 网络竞赛激活人才潜力

美国举办多种形式的军民合作竞赛活动以挖掘和选拔具有天赋

的青年人才加以培养。如网络爱国者（Cyber Patriot，CP）项目，最初由美国空军协会发起，后由美国军工巨头诺斯罗普·格鲁曼为该项目赞助，使赛事规模和推广力度大幅提升，目前已成为全美规模最大的网络安全类竞赛之一。此外，雷神公司、国土安全部、国家安全局等公私部门联合组织了全美大学生网络防御竞赛（NCCDC）。这些竞赛很好地锻炼了网络人才，同时也选拔出大量一流精英，针对这些精英，政府相关部门往往进行专门训练培养。此外还有针对基础教育阶段学生的“网络下一代”（Gen Cyber，GC）夏令营计划，为未来网络人才培养打下基础。

（二）英国方法规范，网信人才多途径培养

英国十分注重网信人才的培养，采取多种途径大力促进网信人才育成。

1. 公共部门积极选拔培养，开发人才资源

2015 年 3 月，英国政府通信总部开展名为“网络第一”的试点赞助计划。该计划旨在最大范围内识别技术人才，以帮助英国政府及国家安全相关企业满足未来需求。此外，从 2015 年开始，英国国防部每年都实施信息学徒（information apprentice）项目，寻找有技术头脑、能够解决问题的人。英国国防部为信息技术和信息安全专业人员提供机会，以使其获得专业知识和实际的实践经验。英国各地都开设了信息学徒培训课程，信息学徒项目分为高级、更高级及理科硕士学徒项目。

2. 政府重视网络安全教育，规范课程和培训认证

网络安全这一学科已进入了英国的学术教育体系中。2016 年起，英国工程技术学会将网络安全列为学士学位课程的必要组成

部分。此前，英国计算机协会已经将安全方面的课程列为获取计算机领域学位的必要学科。从 2016 年 9 月起，网络安全知识技能将成为取得计算机及数字化相关的继续教育资格证书的关键考核因素。截至 2017 年，英国认证了网络安全领域的 6 个硕士学位，创建了 2 个新的博士培训中心，3 个研究机构和 27 个网络安全卓越学术中心（Academic Centres of Excellent in Cyber Security Research）。英国政府还决定推出一项被称为“网络再训练学院”的网络安全培训课程，以填补网络安全技术的空缺，发掘保护国家经济和关键基础设施的新型人才。英国的行业协会（如 e - skill）联合 IBM 等企业培养信息安全方面的人才。英国还采取专门的认证机构对信息安全人才进行认证，主要认证方式有 CCP 和 CCT。

2017 年，英国政府计划出资 2 000 万英镑为成千上万青少年提供网络安全培训，旨在保护国家免受恶意攻击侵袭。这项名为“网络学校”的计划将大力引导学龄儿童积累自身网络安全技能。此项计划面向年龄在 14 到 18 岁且拥有各类不同教育背景的青少年，亦包括那些对网络安全工作缺乏了解的参与者。此项举措作为英国政府国家网络安全计划（National Cyber Security Programme，NCSP）的组成部分，意在“找到、培养并快速追踪未来的网络安全专业人才”。另外，2017 年 1 月启动的网络再培训学院（Cyber Retraining Academy，CRA）也在帮助超过 50 名拥有出色资质的学员通过为期 10 周的强化培训课程快速涉足网络安全领域。

3. 民间网安活动，鼓励技术创新

英国公私部门积极组织各类网络安全竞赛等鼓励技术创新，发现和培养网络人才。2015 年 1 月，英国防务公司 QinetiQ 组织业余网络防御人员，在全球在线恐怖威胁模拟平台上进行竞赛。2015 年 4 月，欧洲首家网络安全创新公司 CyLon 在英国成立，CyLon 于

2015 年第二季度展开首个为期 12 周的创新项目。

（三）德国公私结合，网信人才培养多管齐下

德国公共部门与企业培训相结合，为网信人才的培养提供了不竭动力。

德国公共部门包括政府部门、教育机构培训网信人才。德国联邦教育和研究部（BMBF）资助 KASTEL 能力中心开设相关培训，通过培训的学生能获得相当于硕士学位的 IT 安全专家证书。达姆施塔特工业大学自 2010 年以来，一直在提供 IT 安全硕士学位课程。就业人员还可以参加达姆施塔特工业大学高级安全研究中心的安全基础课程，获得 IT 安全证书。2016 年，BMBF 筹备建立德国网络学院（DII），研究网络和数字化的道德、法律、经济等方面内容。此外，爱因斯坦基金会和柏林市正在创建爱因斯坦数字未来中心（ECDF），研究德国社会数字化，培养数字人才。ECDF 将连接柏林技术大学等 5 所大学、8 所著名研究机构和 2 所应用科学大学。

德国国防部成立的网络创新中心团队由士兵、平民和系列企业家组成，该网络创新中心把自身作为一个平台，吸引并培养、造就创新者和数字人才。国防军也大力培养 IT 人才，为官兵设置 IT 学习培训，开设 IT 营。慕尼黑联邦国防军大学网络防御研究所在连续两年举办夺旗比赛（CTF）后，2017 年再次举办夺旗比赛，众多年轻的网络高手对决，脱颖而出。

德国各大 IT 企业及培训机构专门开设相关课程，加大网络安全人才培训力度。2017 年 6 月，德国 IABG 公司和 Cyberbit 公司联合宣布启动德国高级网络安全培训机构，帮助德国政府解决网络安全人才短缺问题并开发世界级的网络安全人力资源。AGT 公司培训学院在众多信息安全领域提供高级技术培训，包括网络安全、

数字取证、信息安全治理与审计。EC - Council 是一直致力于培养避免网络灾难的有力团队。由其提供的道德黑客认证或 CEH 德国认证等 13 门独立课程将使专业人士和企业获得反击信息安全领域的任何网络威胁的技能。

（四）法国高度重视，网信人才融合培养不断加强

2014 年法国国防部发布的《网络防御协定》6 大轴心之一就是：教育培训——加强网络防御人才的能力并能够开拓他们的职业路径。法军认为网络安全极端重要，与各个军种都有关联，法国前国防部长勒德里昂曾说："网络防御力量是法国除了陆海空之外的第四支军队，在未来的岁月里，网络安全与防御力量的重要性可能超过一支军队。"法军决定在 2014—2019 年间为网络安全、防御和研发花费 10 亿欧元，主要用来雇用 400 名高水平研究人员和工程师。目前，部分人员已经到位，剩余人员将从各界中选拔。

法国政府还储备了民间网络安全与防御力量，培养了一批在私营企业工作的网络防御专家，必要时可以为政府和军队服务。布列塔尼地区网络防御中心、国防部下属网络防御行动分析中心（CALID）、网络和信息安全局（ANSSI）下属信息系统安全作业中心（COSSI）等机构不但是科研中心，更是人才培养的重要依托。这些机构依托政府其他部门、企业和预备役网络创建国家网络防御社区，加速网络人才培养。此外，法国很多大学一起合作开设网络安全课程并与现有的一般 IT 学位结合，很多地方企业部门、科研机构等也都相继开设了网络课程，不断加大人才培养力度。

（五）日本注重建设，网信人才培养逐步拓展

日本国内迫切需要能够有效使用互联网以及应对网络攻击的人才，政府拟大力培养拥有相关知识和能力的技术人员。

1. 组织专门培训和网络演习

日本杰出工业网络安全中心（Industrial Cybersecurity Center of Excellence，COE），主要任务之一就是人力资源开发。该中心每年招收近100名学生，培养专业人才防御网络攻击的能力等。国家网络培训中心（National Cyber Training Center，NCTC）推出了sechack365项目，包括每年培训40名25岁以下学生，培养能对抗网络攻击的尖端年轻技术人员；每年通过100场网络防御演习（Cyber Defense Exercise with Recurrence，CYDER）为3 000名中央和地方政府官员及关键基础设施工作人员提供训练；承办东京奥组委网络竞技场演练。

2. 大学加大培养力度

日本国内大学也开始致力于培养可以应对网络攻击的人才。2013年，会津大学开设了网络安全讲座。2014年九州大学与美国马里兰大学巴尔的摩分校合作，引进网络安全对策教育项目与人才培养经验，并开设课程，介绍了《网络安全基本法》此类法令及企业遭受网络攻击的案例，还设立了推进网络安全技术研究及专家培养等工作的研究机构——网络安全中心。长崎县立大学于2016年度起新设信息安全学科。

3. 自卫队网络人才培养和储备

日本各自卫队的人才培养通过确保本系统内的网络安全教育培训态势实现，防卫研究所和防卫大学等研究教育机构，主要通过促进内部教育研究、选送人员进国内外大学进行学习研究以及与民间企业之间加强进行人员交流实现。积极选用高水平人才，如拥有网络安全相关资格认证的人才和民间企业中拥有丰富安全业务经验的人才。充分利用各种进修学习机会，对人员进行最新技术发展趋势、最近的网络攻击事件和网络安全相关法规条款的教育，以及大力开展其他旨在提高人员安全技能和安全意识方面的活动。

（六）以色列着眼实战，网信人才培养体系完善

以色列网信人才军地培养相互交融，其成熟的国家人才培养体系也为以色列网信人才培养提供了丰厚沃土。

1. 大学、科研机构的人才培养

以色列的大学及科研机构在电子工程、软件工程、计算机科学等网络技术专业领域的水平举世公认，为网信领域提供源源不断的职业人才。以色列国家网络局与顶尖高校联合，建成了 5 个网络安全中心，成为网安人才的“培养皿”。本·古里安大学与国家网络局合办国家网络安全研究中心，还与 IBM、ORACLE、洛克希德·马丁等跨国公司合作，开展网络安全研究和高端人才培训。2013 年，以色列启用培养青少年网络精英的新国家法案，接受 16 岁至 18 岁的优秀学生通过为期三年的课程，培养他们拦截恶意网络攻击的能力。2017 年年初，以色列宣布成立国家网络教育中心，以培养这一关键领域的年轻人才。

2. 军地接力培养，促进人才流动

以色列“全民皆兵”的强制兵役制从制度上确保了能够为军队输送最优秀的年轻人才。以色列军事情报机构每年还都会以 NBA 模式，按照以色列最负盛名的计算机和数学高中课程高分数在学生中征募 300 名最有资格的年轻人入伍。以色列军方有着非常庞大的人才培养机构，包括 8 200 电子战精英部队、网络安全学

院、C4I 军团和国家自动控制特遣部队等使军人学到了大量最新技术和各行各业最前沿的科技知识，许多优秀青年实际上是在军队完成了相当于大学的精英教育，当他们退役后很多成为网络公司的创始人及骨干。以色列国防部国防科技局曾与希伯来大学合办“特比昂班”，该项目已有 650 多名毕业生，他们不仅是以色列国防军 8 200 电子战精英部队的主力，而且很多后来成为以色列顶尖科学家和企业家。很多军人从部队退役后又继续进入大学学习网络安全，他们在军队里已经有了很多的实践经验，并且直面很多现实问题，学习更有针对性和更强的问题导向意识，这也是以色列网络安全教育的又一独特之处。

四、发展之径：国外网信军民融合产业发展

冷战后，外国军工产业在行业需求及国家政策指导下，经历了大规模的私有化、兼并重组过程，欧盟还进行了跨国整组。因此，主要国家不直接掌管军工等企业实体，其产业融合更体现市场属性。为了适应军需不足的现状，军工企业都不断加大力度开拓民用市场，扩大民用产品生产规模。同时政府不断鼓励中小企业参与，使其成为军民融合的主力军和创新力量。由于军地市场对网络安全和信息化需求激增，传统大型军工企业通过各种途径不断增强自身网信实力，大量创新型初创公司、中小企业也凭借独特技术优势异军突起。

（一）注重军民兼收、网信开拓

2012 年，全球军费开支由增长进入停滞阶段，虽然随后几年有所波动，但也预示着全球军费大幅增长时代的结束。这一重要变化为国外军工产业军民融合发展带来了深刻影响。随着军工传

统武器装备订货量的下降，军用系统的网络化、信息化升级，网信技术、装备等需求剧增，以及电子信息、网络安全等新兴产业快速发展，军工企业纷纷实施业务转型，网信领域如电子信息、网络、战场服务等新业务大量增加；同时，军工生产向民用生产转型力度加大，不断加强军民业务互补，并积极向网络安防等新兴业务领域转型，促进通用技术与产品的转化和发展，与军工技术联系紧密的公共安全领域业务、民用产品得到发展。军民业务结合成为国外大型军工企业的重要发展战略，在业务发展方面，以美国波音公司、雷神公司、洛克希德·马丁公司、诺斯罗普·格鲁曼公司等为代表的大型军工企业紧紧抓住信息化战争的发展趋势，积极进军信息化业务领域，将资源向电子信息领域倾斜，使这些企业保持了持续的竞争优势和创新能力。

根据斯德哥尔摩国际和平研究所2016年12月搜集的数据，美国财经媒体“24/7华尔街”对2015年世界军工20强进行了梳理，从中可以看出，从战舰、坦克到精确制导导弹、通信卫星等，世界军工20强企业都各有所长，但是“软件”正在“吞噬”军工企业。随着信息化战争形态的演进以及维护网络安全的需要，很多公司如博思艾伦咨询公司、L3技术通信公司、空客集团等都开辟了网络安全与信息情报业务，着眼高精尖网络技术，软硬件结合力度进一步加大。雷神公司在2015年以19亿美元收购了网络安全供应商Websense，以增强其网络安全业务。

（二）重视内部军民资源共享和一体化

主要国家大型军工企业均是高度军民融合型企业，企业内部积极推动军民资源共享和管理一体化。以泰雷兹集团（Thales）为例，该集团的业务涉及通信、航空电子和网络安全等，几乎涵盖了军事技术的各个方面。这家法国公司2015年将销售额提升到81

亿美元。不过，国防业务只占泰雷兹集团总业务的一半左右。集团还设计和制造用于商业、科学应用的卫星和航空电子设备。集团内军、民品生产除保密程度等差别外，应用技术、研发人员等已无明确界限，且民用业务在其业务构成中所占的比重极高，占其销售额近50%。作为一家军工企业，泰雷兹集团具有较强的代表性，也符合未来军工企业军民融合的总体发展趋势。

此外，通过对2015年的世界军工20强的主要营收来源和公司业务进行分析，可以发现：在世界军工20强企业中，传统的、单纯承担军品任务的军工企业已不存在，20家军工企业的经营内容均涉及军民两用技术与产品相关业务，其中网信领域已经逐渐成为一个被越来越多企业重视的板块。网信产品既可以用于军用，也可以直接或稍加改造用于民用。例如，空客集团的产品就包括网络安全技术开发以及无人机、一系列非军用卫星制造等；BAE公司业务也开拓到网络安全和情报服务。目前，主要国家军工产业除了军、民品所表现出的产品使用属性不同外，深层的商业模式、运营体系、技术和资源支撑体系、并购的发展方式等不具有军、民品属性的分离特性。

（三）军工产业不断加大风险投资力度

主要国家军工产业不断转向网信领域民企直接投资，融合力度不断加大。在今后很长一段时间，国防企业对网络安全等行业的投资与并购非常值得关注。美国国防工业向硅谷的转变更加明显，并正在加大对初创科技公司的投资力度。洛克希德·马丁公司、诺斯罗普·格鲁曼公司和波音公司等一级国防承包商，都在扩展风投业务。据麦肯锡一项调查显示，美国一半的国防承包商认为，通过与在商业和军事应用领域快速行动的初创公司合作，如自动驾驶和网络安全领域，国防承包商可以获得有前景的新技术，这些技术还能反过来提供给五角大楼和其他政府机构。大型军工企业将投资初创公司视为一种研发外包行为，从无人机到卫星，到无人驾驶汽车等领域的进步都对国防工业产生影响。任何一个单一的组织都没有足够的人才和技术做好所有这些事情，但是通过投资以及与商业新创公司合作，能够使它们实现多个领域的垂直整合，提升公司提供技术的效率与能力。此外，从商业和市场角度来看，大型军工企业同样面临市场压力，而降低对国防需求的依赖，增加对民用市场的供给是他们都需要长远考虑的课题。很多军工企业正在投资商业技术，并试图在国防领域找到双重用途的应用，促使商用事业扩大规模。洛克希德·马丁公司 2015 年武器销售与销售总额占比相对较低，这一点与该公司在民用市场的大力拓展，乃至对初创公司的活跃投资不无关系。这家美国最大的国防承包商已经在初创公司投资领域耕耘了 10 个年头，已向 22 家初创公司提供了超过 1 亿美元的投资，主要关注新兴的创新技术，这些技术有潜力成为解决复杂挑战的基础技术，例如自动驾驶系统、机器人、网络安全、人工智能与机器学习、下一代电子技术等。

（四）军民产学研合作推进产业发展

国外众多军工企业积极与大学合作，充分利用高校科研力量促进军工发展。例如，美国波音公司与谢菲尔德大学合作，希望借助社会优势技术资源，提升企业的技术实力及竞争力，从而实现企业的进一步发展。此外，军方机构也与相关社会机构开展合作，利用通用技术促进军工发展。例如，美国半导体研究公司和美国国防高级研究计划局正投入 1.94 亿美元致力于创建 6 个新的大学微电子研究中心，以保持美国在半导体领域的领导地位。此外，军工企业及其他私营企业在许多国家网络基础设施建设中的作用举足轻重。许多国家军方积极拓展与它们的合作，一方面是军民共建信息基础设施。如美国依托国家信息基础设施，采用租用地方网络和自建军用网络相结合的方式，构建国防信息基础设施，军民共同打造坚固的网络空间，支撑国家和军队发展需求。另一方面，多数网络安全防务和网络装备技术研发都交由它们承担。洛克希德·马丁公司和BAE系统公司等传统军工企业、赛克铁门和迈克菲等专业的网络公司，以及IBM、惠普、微软等信息产业巨头都参与其中。如IBM公司为美国空军构建“云端计算机网络系统”，利用云计算技术对美国空军9个指挥中心和100座军事基地网络基础设施进行整合；洛克希德·马丁公司联合其他分包商，为美国陆军提供地面网络通信和传输系统。此外，一些国家军民合作打造国家网络安全创新生态系统，创办网络安全创新园区。如以色列以大学为依托，以众多创新企业为基础，以国防军工为催化剂，以产学研用集群效应为特色，将教育、研究、创新、技术转移、军队、治理、网络和企业文化等自然地融合为一体，为以色列的网络安全与信息化工作提供了发展新动力。

（五）中小企业得到大力扶持

国外通常认为中小型企业是创新理念和产品的源泉，将利用中小企业的研发生产能力，作为促进竞争激励创新的重大战略措施。各国皆竭力激励引导培育民间中小企业快速崛起，尤其在网信领域，中小企业作用更加不容小觑。

主要国家非常注重发挥中小企业在创新中的作用，以激发军民融合发展的巨大活力。各国都鼓励和吸引中小企业进入国防市场并为此制定政策创造条件。美国国防部把中小企业视作推动军事力量转型不可缺少的力量，扶植中小企业的技术创新活动。21世纪以来，美国国防部着力加强了对小企业创新研究（SBIR）计划、小企业技术转让（STTR）计划、小企业革新质量奖励计划的组织管理和投入，成立了专项技术创新管理机构，对 SBIR 计划的投入大幅度走高。英国紧跟步伐，提出把中小企业这股创新的主要力量作为国防部直接供货商的重要核心。英国国防部极力降低国防部合同进入门槛，在国防供应商论坛建立“中小企业组”，鼓励更多的中小企业参与国防项目。英国国防部半数以上的合同授予了中小企业，使许多中小企业成为满足紧急作战需求中的关键角色。德国国防部明确规定，总承包商必须用竞争手段向分包商分配订货任务，而且必须让中小企业参与竞争。法国曾发布《中小企业国防协定》，进一步巩固和强化中小企业在推动国防工业创新发展中的地位作用，国防部武器装备总署明确提出，鼓励中小企业参加武器装备采办的竞争。

参考文献

[1] 杜雁芸. 美国网络安全领域军民融合的发展路径分析 [J]. 中国信息安全，2016（8）.

[2] 吕晶华. 美国网络空间军民融合的经验与启示 [J]. 中国信息安全，2016（8）.

[3] 陶春，安孟长，郝振辉. 国外军工企业军民融合发展研究与启示 [J]. 军民两用技术与产品，2015（5）.

[4] 萨拉·彼得斯. 观察一些新兴的以色列网络安全公司 [OL/DB]. https：//www. darkreading. com/analytics/meet-some-of-the-emerging-israeli-cybersecurity-firms/d/d-id/1326702.

[5] 王丽顺，张代顺. 英国国防技术转移管理的现状及特点 [J]. 国防科技工业，2012（12）.

[6] 卡德里·卡斯卡. 国家网络安全组织：法国 [C]. 北约合作网

络安全卓越中心，2015.
[7] 梅丽莎·海瑟薇，克里斯·德姆查克，詹森·凯尔本，等. 德国网络准备概览 [C]. 波拖马可政治研究中心（Potomac Institute for Policy Studies），2016.
[8] 陈炜然，黄娟娟. 英国国防科技工业体系及其特点 [J]. 电子知识产权，2015 (9).
[9] 阿什·卡特. 关于东部 DIUx 启动及宣布国防创新委员会的演讲 [OL/DB]. https://www.defense.gov/News/Speeches/Speech-View/Article/858155/remarks-on-opening-diux-east-and-announcing-the-defense-innovation-board/.
[10] 美国网络战发展新趋势由“攻防平衡”转向“以攻为主” [J]. 网信军民融合，2017 (6).
[11] 刘骄剑. 国外网信军民融合发展态势解析 [J]. 网信军民融合，2017 (6).
[12] 英国政府出资 2000 万英镑为青少年提供网络安全培训 [J]. 网信军民融合，2017 (6).

第八部分

未来篇

网信军民融合是军民融合战略框架下最活跃、最前沿的重要组成部分，直接支撑网络强国实现，助推国家信息化发展和一流军队建设。网信军民融合正处于由初步融合向深度融合的过渡阶段，呈现为由浅到深、由表及里，最终实现由量变到质变的转型和升级。网信军民融合立足网络安全和信息化，在制度、产业、技术、人才、国防和世界等多个维度，推动网信军民融合深度发展。中国在网信建设方面拥有其他国家难以企及的优势，同时也面临一些不可回避的共性挑战，未来可望通过军民融合，整合优化资源，发挥优势，为建设网络强国和科技强国提供有力的网络安全保障和信息化支撑。

一、机制为要：筑牢网信军民融合制度基础

网信军民融合的核心动能在于机制。从宏观的军民融合到微观的网信军民融合，大的制度框架已经确立，顶层设计已经基本完成，未来需要相应的机制来落实制度。中国工程院院士邬江兴认为，“推进军民融合既需要靠体制，更需要靠机制，体制上能够解决的问题，如果没有好的机制做保障，就会产生叠加性的新问题。”在中央军民融合发展委员会领导下，网信军民融合诸多措施逐渐展开，但要真正落到实处且见到成效，关键得依靠具体的协调机制。网信军民融合协同机制是实现网信军民融合战略的重要枢纽和关键环节，是实现网信军民人才共育、核心技术共研、关键基础设施共用、数据信息共享、安全力量共建的基础保障。网信军民融合协作机制重在建立起军民相关部门之间的协调，以及内部的协调，促进和完善科技创新的政策协同和行动协同。网信军民融合协调机制主要体现在以下四个方面。

（一）战略对接

网信军民融合协作机制是一个开放性机制，也是一个行动机制。网信军民融合协调机制的基础是与其他战略的协同和配套，在国家总体战略下形成各个战略的有机融合和配合。十九大报告把军民融合发展战略与科教兴国战略、人才强国战略、创新驱动发展战略、乡村振兴战略、区域协调发展战略、可持续发展战略等一起纳入决胜全面小康、全面建设社会主义现代化强国的七大战略之中，明确了军民融合发展战略在国家总体战略中的牵引性、引领性和贯通性地位。网信军民融合协调机制首先要在网络安全战略、信息化发展战略和军民融合战略之间建立起有机协同，在

此前提下再与国家战略体系中的其他战略取得一致，实现协调，比如创新驱动战略、人才强国战略、国防发展战略等，形成相互渗透、相互配合、相互促进的战略体系，在此框架下进行战略规划和设计。

（二）政策协调

政策更多是战略的规则性表述或战略的具体化表现。网信军民融合协调对接的是军民两个长期保持独立的主体，政策协调需要在这两个主体间架起桥梁。网信军民融合政策层面需要指导建立起相应的运作程序，明确规定军民各自负责的牵头单位和组织，并通过他们来总体协调和负责；任务层面主要依据网信军民融合现实需求，针对重大工程项目，进行对接和合作，实现资源共享，重点解决有需求难对接、有资源难共享的问题，以及重复建设、资源浪费的问题；在网信关键基础设施、产业建设和技术突破方面，既要考虑国家经济发展，还要考虑到国家安全和国防建设，形成军民相互协作、合作的良性互动形态，使军民在资源配置和项目推进上真正融合。在实践中不断完善网信军民融合政策，推进军民兼容国家计算、存储和灾备中心总体布局，探索军地共建及购买信息服务的模式。

（三）法律保障

网信军民融合协调要有从宏观到微观的法律规范和保障。网信军民融合协调机制，需要在相关法律法规基础上有序推进融合诸项行动计划。2016 年底出台的《网络安全法》是网信军民融合协调机制建设的基本大法，但涉及网信军民融合的具体事项，还需要出台相应具体的法律法规。未来最现实的是出台《军民融合法》，明确具体执法部门，明晰相关司法解释，促进网信管理和执法工作有序进行，重点解决军民融合面临的现实法律难题，重点解决网信军民融合层面遇到的一系列具体问题。加强网络空间立法规划统筹，加快电子商务法、密码法、互联网信息服务管理办法、未成年人网络保护条例等法律法规制定修订进程。针对不断出现的新情况新问题和新应用新业态，及时出台部门规章和规范性文件，加快推动现行法律法规延伸适用并覆盖到网络空间，依法治理网络空间，维护网民合法权益。此外，在一些重要性的领域，可制定具有执行力的法则和细则，以政策和制度的方式鼓励军民协同创新。

（四）行动协同

网信军民融合行动协同重在执行相关规划计划过程中，对军民资源和力量的协调和协同，使得军民信息资源共享、互通，形成纵向衔接和横向配合的形态。首先，对现行机制进行梳理，推动中小微企业进入国家和军队壁垒化比较严重的领域，把强大的社会创新力量和旺盛的军事需求有机结合起来。其次，以军民融合协调机制为主，将国防和军队建设规划与国家战略规划有效对接、国家安全战略与国家发展战略有机融合、军民融合战略与其他战略有机配合，确保军民融合在战略目标、发展规划、部署措施等方面同步协调，全国全军共同推进网信事业发展。2017 年，科技部启动重点研发“软件与系统漏洞分析与发现技术”项目，主导在国家层面建立军地漏洞协同行动机制，开展深层次、大规模、智能化漏洞挖掘研究，重点面向多计算环境的规模化协同漏洞发掘一体化平台，形成知识复用、智能连接、开放协作的生态系统，解决漏洞挖掘分析智慧性弱、海量漏洞攻击样本快速准确识别难等问题。

二、技术为重：支撑网信军民融合战略优势

互联网本质上是一个网络技术框架，网信技术发展形态决定网络安全和信息化建设发展水平，以及网信军民融合的战略优势。网信领域是高新技术密集的领域，技术的两用性和共用性特征突出。网信技术发展已大大超出人们的想象，以信息技术为代表的第四轮技术革命正在以人们难以理解的速度和规模迭代发展，从根本上改变了网络世界和现实世界的运转形态。中国网络信息技术不断取得突破，在一些科技领域正由跟跑者变为并跑者，甚至在个别领域成为领跑者，越来越多的科技成果支撑中国在世界科技竞争中脱颖而出。最新的成果是，中国自主研发的物联网安全协议关键技术 TRAIS – X，被国际标准组织正式发布，成为国际标准技术规范。未来，中国网信技术发展需以二“力”为准，一为生产力，二为战斗力，统筹推进网络空间安全重点专项、重大科技项目，聚焦核心技术、统一标准、联合创新和自主可控等关键环节，通过技术优势为网信战略优势奠定厚实的基础。

（一）核心技术突破

核心技术是网信军民融合的重要关节点。未来，需要按照《国家信息化发展战略纲要》《国家信息领域核心技术和设备发展战略纲要》《“十三五”国家信息化规划》和《“十三五”信息领域科技专项规划》，组织实施高性能计算、云计算和大数据等重点专项，加快推进基于互联网协议第六版（IPv6）的下一代互联网发展，积极部署物联网，加快第五代移动通信（5G）技术研发、标准制定、试用部署。核心技术发展重点依据网络、系统、业务、应用和数据等多方面的安全需求，顺应网络安全的技术、产品、

服务信息化融合应用的大趋势，聚焦核心技术或颠覆性技术，将其作为推动军民转型升级的重要支撑。

信息技术革命日新月异，各种新兴技术不断产生和衍生，麦肯锡2013年发布的研究报告罗列的有望改变生活、商业和全球经济的12大新兴颠覆性和新兴技术名单未来还会增多、拉长。除了加强网信基础性技术研究，中国还需要以重大安全需求为牵引，选好、瞄准一些处于发展前沿、最具创新性的核心技术作为突破的发力点和聚焦点，集中人力、物力和财力，从点的突破到整体突破、而后超越，最后实现技术本身的超越和军民技术的整体创新。AI越来越广泛地嵌入平台、芯片、软件及各种智能产品和设备中，正在成为商业模式、社会变革和经济发展的领先变革者和驱动者。据互联网数据中心预测，全球认知和AI系统的收入2017年可望达到125亿美元，相较2016年增幅为59.3%。人工智能开拓的市场和发展前景乐观，将成为未来军民融合核心技术的一个重要发力点。另外，中国已初步形成包括芯片、传感器件、设备及平台、软件、系统集成、运营、应用服务等在内的完整的物联网产业链，物联网作为信息通信技术的典型代表，也将成为另一个新的发力点。预计到2020年全球物联网设备数量将达到260亿个，物联网市场规模将达到1.9万亿美元。中国物联网发展，需要以领先技术为基础，以广阔市场为支撑，力争达到国际先进水平。

（二）标准统一

统一技术标准对网信军民融合起到基础支撑作用。中国工程院院士陈志杰认为，首先从军民技术标准的融合开始，逐步向技术研发、系统建设、发展规划、政府和军事设备采购等方面拓展。中国军民两用技术的通用性较弱，一个核心的障碍就是标准不统一、不一致。未来需要进一步统一军地信息格式、传输协议和互联接口等标准，整合军民针对同一对象制定的标准，建立军地相互转化标准，构建网信军民一体的标准体系，推进军民一体化发展。在网络密码、可信计算、云计算、大数据、网络靶场、天基网络、物联网等网络技术节点，通过军民融合，实现优势互补，强化网络信息安全自主可控技术，逐步扩大产品规模，提高质量层次，推广市场，使我国网信技术处于世界领先水平，网信产品在世界拥有良好的品牌效应。

（三）联合创新

军民科技深度融合、联合创新，是促进网络安全和引领信息化发展的第一动力。联合创新可在横向和纵向两个切面进行。白春礼院士在2017年6月国务院党组学习讲课时指出，随着脑科学与认知技术、仿生技术、量子通信、超级计算、材料基因组、纳米技术、智能机器人、先进制造与电子元器件、先进核能与动力技术、导航定位和空间遥感等技术的重大突破，未来将研发更多具有高效能、低成本、智能化、微小型、抗毁性等特性的武器装备，这将前所未有地提升国防科技水平，并带动众多科技领域实现重大创新突破。网信军民融合通过联合创新，推动国防建设的同时也推进国家信息建设发展。目前，我国科技创新正处于跟跑、并跑、领跑三跑并存阶段，以及从量的积累向质的飞跃、点的突破向系统能力提升的关键阶段。在网信军民融合领域，军民在核心技术和前沿技术上协同创新，在一些重大科技项目和专项项目上，合力攻关，共同促进技术成果转化和应用，提高经济生产力和军队战斗力。根据《“十三五”网络安全发展规划》和《工业和信息化部信息化发展规划》，再结合面向2030年科技创新重大项目部署，加快推进科技体制改革和管理方式创新，制定实施以网络安全和信息发展为导向的政策，加快打造具有全球影响力的网络和信息技术市场创新基地，不断释放创新的源动力，拓展新空间，创造新机遇，使一大批具有标志性意义的重大科技成果不断涌现，科技创新成果加速转化。

（四）自主可控

自主可控是网信技术成熟度和水平最为重要的检验标准，也是自主创新的重要标志。建设网络强国，要有自主的技术，尤其在大数据、人工智能、5G 通信技术和量子技术等一些事关网络安全和信息化核心技术和前沿技术上领先，在一些关键的软硬件上首先实现自主，逐步摆脱长期依靠进口的被动局面。网信军民融合应统筹推进网络空间安全重点专项、国家网络空间安全重大科技项目，整体通过深化国防科技工业改革取得突破，推进网信技术的实质性跃升。网络安全和信息化民用领域孕育出了多个世界级互联网企业，其技术实力不容小觑，但其多项技术和能力尚未辐射到军事领域，因此，要通过网信军民融合推动实现一体化联合，实现军民技术共享和统一研发，促进科技创新成果加速转化。网信军民融合可通过分类、分步骤逐步完成对核心技术的自主可控，未来对一些涉及面较广、影响较大的核心技术可由军民组成的国家队承担，合力打开缺口。其中对一些进入门槛较低、技术壁垒不高且敏感度较弱的核心技术，可由一般性民企承接和完成。

三、数字为基：拉动网信军民融合深度发展

随着网络信息技术的快速发展，数据和数字正在重塑传统产业，形成了网络安全和信息化产业发展的新逻辑、新模式和新业态。数字经济正在引领全球范围的需求整合、资源优化和流程再造，促进产业融合。中国的数字经济发展很快，且带动了整个经

济的创新发展。2016 年中国的数字经济规模达到 22.4 万亿元，占 GDP 的比重达到 30.1%，电子商务交易额达到了 26 万亿元，网络零售年均增长 30%。据预测，到 2030 年数字经济将占到国内 GDP 的 50%。中国将通过数字经济继续引领世界，在开放、包容和共享的基础上，与世界各国合作推动全球经济发展。

（一）数字产业链完整

国家发展和改革委员会副主任林念修在第四届世界互联网大会上提出，当今世界新一轮科技革命和产业变革蓬勃兴起，以网络化、数字化、智能化为代表的数字经济正在不断创新，创造新的生产供给，激发新的消费需求，拓展新的发展空间，为经济发展、质量变革、效率变革、动力变革增添了新的动力，为世界经济复苏注入了新的活力，为各国平等参与优势互补共同发展带来了新的机遇。在很大程度上，网络信息产业决定国家经济的发展水平和安全水平，也代表了数字经济发展的方向。2017 年 11 月 15 日，科技部召开新一代人工智能发展规划暨重大科技项目启动会，标志着新一代人工智能发展规划和重大科技项目进入全面启动实施阶段，力图在新一轮国际科技竞争中掌握主导权。网信军民融合战略可通过“数字 + 新兴产业”“互联网 + 先进制造业”的方式，实施《中国制造 2025》，打通军民产业渠道，打造完整的国家产业发展链，推动我国网信企业走出去，促进新产业、新业态、新模式发展，逐步建立起数字经济与实体经济协同发展的产业体系。新的形势将是，网络信息技术日新月异的发展不断开拓新的市场，为我国产业结构调整、提升产业升级转型提供新的增长和发展空间。据统计，仅网络空间国防安全市场、云安全市场、物联网等行业有望为网络安全带来 2 000 亿元的全新增长空间。期间，数据产业将经历一个调整增长的过程。从产业发展看，数据与产业相结合的项目在网信军民融合的大背景下，将会出现新的跃升。

（二）数字产业结构优化

十九大报告指出：“加快建设制造强国，加快发展先进制造业，推动互联网、大数据、人工智能和实体经济深度融合，在中高端消费、创新引领、绿色低碳、共享经济、现代供应链、人力资本服务等领域培育新的增长点，形成新动能。”制造强国需要以数字为核心的先进制造业来支撑，其中科技产业越来越成为经济发展创新和国防建设创新的引擎。未来，中国应加快产业数字转型，进一步推动网络安全全面发展，推动互联网、大数据、人工智能、实体经济和国防经济深度融合，推动经济发展质量变革和国防建设的质量建军。一个大的有利背景是，全球信息安全产业正在走高。据美国信息技术市场调研企业 Gartner 公司发布的最新预测，全球信息安全产品及服务支出将在 2017 年内达到 864 亿美元，较 2016 年全年增长 7%，预计 2018 年全年支出将进一步增长至 930 亿美元。中国“十三五”期间，随着万物互联时代的开启，也将促进物联网产业发展势头。目前，网信领域已建立起网络产业联盟，一些龙头企业重组重塑，力争创造新的网络产业模式和建立新的安全形态，未来有望保持这一趋势，持续促进数字产业升级转型。

（三）军工企业上新台阶

网信军民融合旨在将国防产业体系切入国家产业体系，构建起小核心、大协作、专业化、开放型的武器装备科研生产体系。加大军工开放，拓展军地协作范围，提高协作效率。军方，需进一步简化市场准入程序，降低准入成本，使民企进入军用市场，相互促进，在竞争中发展。“十三五”期间，网信军民融合有望在卫星导航、卫星通信、雷达、光电、红外、军用芯片、指挥系统等信息化领域实现高于行业平均速度增长，无人机、无人潜航等无人装备也有望成为未来主线装备的发展重点。对一些与军队建设和发展密切相关的产业领域，军队降低甚至破除门槛，让那些有条件、有实力、有情怀的民企参与，联合创新、联合突破，实现经济优势与国防优势的相互补济和相互成就，为中国和平崛起奠定坚实的硬实力基础。

（四）产业发展另辟新路

国家层面重视和支持网信产业发展，促其成为信息产业和整个经济发展的主体和驱动。围绕大数据产业链，未来可形成面向全社会、低门槛的创新创业模式。网信军民融合可按照“调整、改革、重塑”的思路，有序推进、逐步深入，坚持以增量融合带动存量调整，以新兴领域融合倒逼传统领域转型，重塑产业结构和形态。未来应抓住物联网发展的新机遇，顺势而上、而进，抢占产业发展主动权和主导权。据麦肯锡公司预测，到 2025 年物联网设备的市场规模将达到 11.1 万亿美元（相当于 60 万亿元人民币）。中国将持续加快政府数字化转型，持续推动形成电子商务、在线支付、共享经济等新型业态，鼓励、引领和开辟新的产业发展路径，使数字经济稳定成为中国经济高质量发展的主导力量。

（五）数字化产业升级

目前，中国实施“互联网 +”战略和“互联网 + 先进制造业”，推动经济整体数字化转型升级。网信军民融合产业发展要首先定位于重要的战略性企业，能够支撑国家发展和增强战略竞争力的数字经济领域。比如在芯片、大飞机和汽车制造等传统企业，借助数字化将其升级为科技企业，构建起完整的、高端的产业链，形成实力雄厚的融合企业。习近平总书记在2017年12月8日中共中央政治局就实施大数据战略进行的第二次集体学习时指出，要构建以数据为关键要素的数字经济，坚持以供给侧结构性改革为主线，加快发展数字经济，推动实体经济和数字经济融合发展，推动互联网、大数据、人工智能同实体经济浓度融合，继续做好信息化和工业化深度融合这篇大文章，推动制造业加速向数字化、网络化、智能化发展。中国是世界大国中唯一可能建立起从低端到中端、高端完整产业链的国家，新一代信息技术与制造业融合正在构建新的制造体系，产业规模加领先技术有望引领世界，对世界经济起到强刺激和强牵引作用。

四、人才为本：强固网信军民融合本源

网信军民融合的主体是人才。人才是网信军民融合的最深本源。网信军民融合之要在于，如何将拥有世界上最丰富的人力和智力资源集聚、合成和提升，调动和释放人力资源的深厚动力、活力和潜力，探索网信人才的新思路、新机制和新办法，形成人力、智力和财力相结合的人才生成模式，建立起强大的人才群体，为网络安全和信息化建设提供雄厚的智力基础。

（一）制度吸引人才

中国是世界第一人口大国，拥有别国不具备的人力优势，通过人才可以建立群聚、群集效应，助推建立后发优势。在宏观政策层面，近年来国家出台了一系列政策举措，各部委、省市组织实施了多项人才计划，特别是针对引进与深化培养刚完成博士后训练的青年科研人才的计划已取得了引人注目的成果。这些计划，包括中央组织部的“青年千人计划”、教育部的“长江学者奖励计

划”、国家自然科学基金委员会的“优秀青年科学基金项目”和“国家杰出青年科学基金”、中国科学院的“百人计划”等，为国家在今后10—20年科技创新发展战略提供了人才培养的雄厚基础。但是，制度创新尤其是人才制度创新还存在很大的空间。制度创新重在育人、留人、用人。一个好的制度既有天时、地利、人和这些可见的东西，也有舒适的环境、优惠的条件和成就感的滋养等可感的东西，使得以上可见和可感的环境因素与人才的杰出能力有机统一结合，形成以人为本、以人才为本的制度支持，为真正有原始创新能力的人，特别是有创见的年轻人，提供自由大胆发挥聪明才智的舞台，真正促进从西方网络强国的追随者到并跑者甚至引领者的转变。尤其军队应建立和完善军民融合、寓军于民的军队人才培养体系，借用地方相对完善、先进的人才体制，推动军队信息化建设，同时刺激军队人才在融合中不断提升自身能力水平。制度之妙在于聚集和示范，最终通过推动人才发展体制改革和政策创新，形成人才辈出、人尽其才的良好局面。

（二）院校培育人才

中国的基础教育体系已经比较完善，而且也获得了世界普遍的认可。在军民融合政策框架下，网信相关院校应尽快完善专业门类，优化教学手段，拓宽人才培养渠道。军地可依据各自优势，探索军民联合办学和交叉教学的路子，以及联合培养和交叉培养的方式，让网信人才在军地相关院校、科研机构和企业之间自动双向流动，既联合又竞争，在流动和实践上让人才尽快成长、成熟。在学科建设上，军地院校要进一步重视基础学科和前沿学科的研究，军地之间取长补短，加强交流，开展学科竞赛和科学实验，充分调动两种资源，合成一股强大的人才力量。聚焦紧缺专业、重点高校优势学科，针对一些重点领域、重要专业的人才，多投入、精投入，提高人才培养的层次和质量。军地人才可以共享技术资源，共用实验室，共同实战训练，在交流和碰撞中研制出新的产品，产生新的创见和成果。军地网信人才培养要送出去交流、培育、锻炼，还要请进来交流、教授和传导，双向互动，培养一批专家型、管理型、技术型和决策型的人才群体。

（三）平台锻炼人才

网信军民融合平台有可见、有形的一系列网络安全靶场、创新实验基地、网络安全学院和各种培训机构等，还有不可见的、无形的网络安全和信息化建设交流机制。习近平总书记在国家安全和网信会议上多次谈到人才之重要、之举措，其中也谈到平台对塑造和成就人才的重要性。国家网络安全靶场覆盖军地，涉及政府、国防、金融、电信、工业等多个重要领域，为军民进行科研试验和训练、实施网络攻防演练提供便利，有利于提高网络安全威胁的应对能力和促进信息化建设。2017 年，国家已经开始建立网络安全靶场，意在真实模拟敌方发动网络攻防的手段、方法和我国网络之漏洞，便于汇聚全国各地、各行各业、军地各方力量，形成人才和智力的有效聚集和融合。网信领域不断有新的重大项目出台，可以此为平台，加强网信军民科技人才队伍建设，开展联合科研攻关和科技创新合作，实质性推进双向对接和技术成果转化。网络信息时代，推动建立国际交流和学习机制是不可或缺的平台。网络空间即时互通共振，网络上无国界交流互动，需要搭建若干个层次不同、性质有别、作用有异的平台，包括国家层面、企业层面和学术层面的交流，以及跨界平台，为交流信息、学习借鉴、培养人才提供便利而有效的平台，创建积极合作的氛围。

（四）体系汇聚人才

网络安全和信息化涉及知识面宽、知识点多，且网信市场需求一直处于动态变化之中，需要建立起人才体系的大概念。客观上，网信军民融合人才绝非军或民单打，必须是一个人才群体和体系。这个体系既需要有基层的一线操作人才，包括运营和维护人才，还包括中层的管理人才，以及高端的研发和创新人才。三个层面人才，缺一不可，有机配合。高端人才容易吸引眼球，也容易引起重视，但是处于一、二层级的人才同样非常重要，却容易被忽视。2017 年“永恒之蓝”事件频繁出现，一个重要的原因是没有人去做最简单、最基本的打补丁工作，导致事件一波未平一波又起。

根据网络安全和信息化建设需要，人才体系建设可分为国家级战略队、战术级攻坚队和企业级后补队，三支队伍形成合力，解决不同层次、不同性质的问题。这三支队伍中，有些以国家队为主，有些以攻坚队为主，有些则以企业队为重。比如，一些重大网信项目由国家层级的战略队承担，攻坚克难，重在创新。与此同时，依托国家充足的教育资源，打造结构合理的网络强国人才和信息强军人才队伍。要充分利用网络强国建设的教育资源和人力资源，把基础素质教育、职业培训教育和人才选拔引进结合起来，提升军地网信从业人员的信息素养和整体水平，培养具备扎实理论基础和过硬技术的专业网信人才，造就善于突破关键核心技术、引领科技前沿的高端人才，平时为信息强军提供强大的智力支持，战时为夺取制信息权提供支撑。

（五）项目催生人才

网信领域有一批已启动、正启动和将启动的重大项目。建立高素质的网络安全和信息化人才队伍，要有一些重大项目牵引。美国网络司令部计划启动的“角斗士猎人”作战项目，将建立一支由军政地三界组成的专业分析和专家团队，开展创新网络作战与情报分析活动，甄别并确定战略层面的关键防御性网络作战任务优先级。中国需密集出台重大项目，聚焦重大问题的历史性机遇，将一些优秀人才推向项目各层级、各环节，让其充分发挥主观能动性，在项目的进程中磨炼。随着项目的完成，催生出一批不同领域、不同专业的网信人才。

五、智能牵引：铸造网信军民融合利剑

网信军民融合战略在上升到国家战略高度的同时融入军事强国战略。十九大报告在国防和军队建设部分第一次提出要促进军事智能化，军事智能化成为网络强国战略、信息强军战略和军民融合战略的最佳衔接点和接口。军事智能化主要体现在：开启战争新样式，建设网络战场，健全军事指挥系统，打造网信武器装备，强化网络安全能力。在这几个决定未来战争形态和决定战争胜负的重要领域，网信军民融合政策牵引军民融合发展的空间大、前景好，确保军队战斗力有实质性的提升，有效应对新时代的安全威胁和挑战。

（一）开启战争新样式

新兴网络信息技术对未来战争形态和样式影响巨大，某种程度上像算法等人工智能，可能比炸弹带来更可怕的效应。可以预见，随着“算法武器”和“算法战争”的加速到来，人工智能算法将在实现智能决策、指挥协同、情报分析、战法验证以及电磁网络攻防等关键作战领域发挥重要作用。网信军民融合以智能化为牵

引，不仅整体提升融合的技术层次和档次，而且牵引战争形态和战争制胜机理发生历史性变化。网络信息技术的发展促进军事变革，进而催生未来战争形态发生新的变化。在很大程度上，未来智能战争的制胜方式将从“击溃”向“瘫痪”转变，制胜关键要素将从“信息优势”向“智能优势”转变、从信息域转到认知域，制胜技术原理将从“切断敌信息链路”转到“瘫痪敌作战体系”，从根本上颠覆了传统战争的制胜机理。网信军民融合在新的历史起点上推进国防和军队现代化建设，确保在2020年基本实现机械化，信息化建设取得重大进展，战略能力有大的提升，力争到2035年基本实现国防和军队现代化，到21世纪中叶把人民军队全面建成世界一流军队。人工智能被称为战争史上的第三次战争革命，正加速叩开未来智能战争的大门，开启新的战争样式。我军正处于从机械化到信息化的过渡过程中，以网信先进技术为最新抓手，尤其以人工智能和云计算等新出现的技术为牵引，支撑军事推演和国防装备发展，有效应对战争形态变化。

（二）建设网络战场

信息化背景下的战场空间不再基于传统的陆海空三域，还增加了网电太空等新的空间，尤其网络空间的聚合性使得信息化战争的战场环境变得联通、透明，并且演变为数字化战场。未来战争有可能首先从网络打响，有必要将网络战场建设提上重要议事日程。网络战场很大程度上军民共用、通用，因此网络战场建设不仅仅是军队的事，也是地方的事，需要军地双方共同建设、共同维护，在网络信息资源、电磁频谱资源等方面实现共享共用，在军地光缆互联传输网络建设方面，推动完善我国新一代高速光纤网。同时，基于5G技术发展，要加快军民融合移动通信系统升级改造，推动军民共用全球宽带通信卫星、应急通信系统、航空器全球监视追踪系统、导航定位授时全球增强系统等建设，为网络战争和现代联合战争创造良好的战场环境。此外，还要共同建设网络基础设施和相关设备，尤其要加强网络靶场建设，使之日益完善，促进网络技术实验不断发展。

（三）健全网络指挥控制系统

信息化背景下，网络作战的指挥平台融合并支撑整个作战体系，敌对双方均高度依赖网络。人工智能等网络安全和信息化技术的发展，使得未来战争演变成机器人 VS 人乃至机器杀人的机器人代理战争。白春礼院士在 2017 年 6 月国务院党组学习讲课时指出，大数据技术将使未来战争的决策指挥能力实现根本性飞跃，推动现代作战由力量联合向数据融合方向发展，自主式作战将成为未来作战行动的主体。现代战争主要依靠通信和计算机网络来实施指挥，已体现为信息化战争体系对抗的特点。这种体系对抗不仅是军事体系之间的直接对抗和较量，而且更为集中地表现为以国家整体实力为基础的体系对抗，谁能够最大限度实现国家整体实力的系统整合，谁就能够赢得军事竞争、军事斗争和战争的优势和胜利。网信领域智能化在指挥层面，重在打造党政军警民联合指挥平台，主要表现为构建和发展网电和太空一体的网络空间侦测、感知、进攻、防御和控制系统，以及高中低不同层次相互支撑的攻防慑系统。指挥链条设计以人为主导、人机互动，实现人机协同交互合作的形态，使网信指挥系统能够有效应对新时代网络空间的新挑战和新威胁。

（四）打造网信武器装备

网信军民融合通过技术和人才的融合、互通，建立起网信武器装备科研生产体系，实现军民网信产品的共用和网络武器装备的提升发展。网信武器装备智能化是网信军民融合大有可为的一个重要领域，以及一个已然形成的大势。人工智能装备越来越多走上战场，无人作战装备精确化、智能化水平不断提升，已成为世界各国尤其各军事大国武器装备发展的重点方向。按照到21世纪中叶达到世界一流军队的目标要求，以及未来战争需求，除了加大投入重点在C4ISR上取得突破，还需在通信、计算机、情报、监视和侦察等方面取得质的进展，在一些重大网络信息化武器装备项目上有重大飞跃。在现有网络武器装备的基础上，军地可以联合推进一些重大的前瞻性智能技术应用，通过一些重要军民用大型电子信息系统的工程建设，对重大装备、通信与电子设备、软件和关键元器件等，联合研制生产，核心是能够指挥人机协作，并将人体机能增强改良、脑联网等技术融入智能化装备。未来，持续推动网络武器装备建设在更广范围、更高层次、更深程度上发展，使国防需求与经济发展规划相渗透、相吸收，国防建设与经济建设相衔接、相统一，军事实力和经济实力相支撑、相促进。

（五）提升网络安全能力

网信军民融合之核心体现就是网络安全能力的实质性提升和增进。网络空间攻击、对抗和作战，不再单纯发生在军队或网军之间，而是网络安全力量的综合性对抗。网信军民融合未来可重点补齐侦察预警、指挥控制、信息对抗和数据保障等方面的能力，推动网络攻击防护、漏洞发现、安全审计、可信芯片等产品和技术研发，围绕汽车、电子、能源、航空航天等重点制造领域建设网络和平台安全保障管理与技术体系，推进基于安全可靠的高端服务器、网络设备、存储设备、工控系统、安全防护及信息安全产品等关键信息设备的研发及应用，持续推进工业控制产品与工业互联网设备、智能设备、智能硬件、5G高频元器件的研发和产业化，保障关键领域重要信息系统与网络安全。作为网络大国，中国网军建设才刚刚起步，可借改革强军和科技兴军之机，加强网军建设，使网络军事人员更加精干，网络武器装备更加精良，网军组织结构更加科学合理。同时，加强军民联合培训和演训，加强在实际事务中的配合和协作，尤其要强化网络攻防慑能力，为网络安全和信息化发展提供有力的保障。持续完善网络安全军地协调机制，组织“深网”军地协同网络安全联合演习，未来可增加演习的频次，扩大规模，吸引一些社会网络力量介入，尤其是网军在网络攻防演练中应扮演主导、引导和牵引的作用。

六、价值引领：建立网络空间命运共同体

网络空间是一个无国界空间，网络社会是一个全新的社会形态，需要文明的理念来引领。网信军民融合的基本逻辑是：立足中国，放眼全球，先强固自身，以价值理念为引领，通过自己的软硬实力产生示范效应，促进建立起多边、民主、透明的国际互联网治理体系，构建和平、安全、开放、合作的网络空间秩序。

（一）确立网络文明导向

真正的网络强国必然孕育于网络文明中，必然引领先进的时代价值。网络空间涉及领域广泛、主体多元，触及各种利益，世界各国尤其各大国对网络空间的战略价值越来越重视，围绕网络空间治理权的战略博弈愈演愈烈，网络空间治理需要有真实可信的价值引领。当我们把网络化与当今世界的和平、发展、合作、共赢时代潮流作为相互联系的一个整体来讨论的时候，当把中国的网络化发展走势与中国的和平崛起作为相互联系的一个整体来考

虑的时候，就可以注意到：扑面而来的，是一个由网络化大潮推动的新文明的觉醒。中国作为传统文明古国，兼收并蓄，积淀了厚重的历史底蕴，对网络世界治理提出了自己独有的创见和先进的理念。2015 年，习近平总书记提出网络命运共同体理念和重大命题，强调携手共建广泛的利益共同体，防止出现网络无政府状态，形成井然有序的网络社会，建立网络空间新秩序，共同维护世界和平。网络命运共同体既是目标，也是价值指向，重在引导人类在网络空间协同合作，建立一个有序的网络世界，让网络信息技术成果和先进网络治理理念惠泽全世界。

（二）把握时代特征

21 世纪是数字网络的世界，也是信息的世界。网络世界与现实世界密切交融，但是和平仍是时代主题，发展仍是世界大势。与此同时，各种现实世界的问题和难题平移上网，出现了杂乱、混乱现象，需要世界各国协同努力，共同建立互信、互助、互利、互惠的网络新世界。网信军民融合，既是信息时代崛起中国的内治方案，同时也为世界提供了可供参照的外部借鉴，共同探索国际网络治理的可行路径，实现普惠、共享、可持续发展的网络社会发展形态。网信军民融合立足中国、面向世界，通过小融、内融促大融、外融，相互依托、相互合作，对内加强军民融合建设，对外促进网络新秩序建立，打击日益猖獗的网络犯罪和网络恐怖主义，遏制网络意识形态渗透和颠覆破坏活动，争取平等的网络话语权和规则制定权，合作建立网络命运共同体。网络社会仍在持续快速发展，中国坚定不移地在和平共处五项原则基础上发展同各国的友好关系，推动建设相互尊重、公平正义、合作共赢的新型国际关系，建立清朗的网络空间，维持良好的网络生态和稳定的网络环境，使网络造福中国和世界。

（三）发挥示范效应

作为网络人数和网络应用大国，中国在网络领域的示范效应天然生成。中国经济持续增长为信息技术发展奠定了雄厚的基础，同时中国正在积极调整经济结构，促进产业升级转型，为网络信息产业发展带来了新机遇。中国在支付宝、共享单车等方面树立了自己独特而先进的网络生产生活理念，对世界产生了广泛的影响，未来这些积极效应还将积累和放大。中国目前正在力推建立数字社会和智慧城市，对世界同样可以起到示范和引领作用。网信军民融合看似内政举措，实则对外部世界发挥着自然的辐射和潜在的渗透效应。习近平总书记在亚太经合组织第二十次会议上指出，目前中国已拥有 7.5 亿网民，网络零售额年均增长 30%，共享经济规模达 3.5 万亿元人民币，移动支付规模超过 158 万亿元人民币，显示了蓬勃的经济发展活力和创新潜力。中国强大的网络潜力带动和影响地区和世界的网络发展前景，持续推动世界各国共享数字经济发展红利，促进世界各国共同繁荣进步。

（四）完善各种平台

互联网本身是一个全球性技术架构。中国积极加大对联合国框架内互联网治理进程的参与力度，搭建各种平台，为国际网络治理提供中国智慧和中国方案。中国近些年加大对网络领域国际立法进程参与度，通过联合国平台深入参与联合国信息安全政府专家组进程，推动构建有利的国际规则体系，同时对西方主导的“伦敦进程”“塔林手册”等也积极施加影响。网络空间信息流和数据流自由流动，信息流引领技术流、资金流和人才流，信息资源和数据资源日益成为国家的重要生产资料和社会财富，掌握信息和数据的多寡决定国家软实力和竞争力的强弱。在网络空间规则和行动理念上，中国通过主办“一带一路”国际合作高峰论坛、金砖国家领导人会晤等契机，加强网络议题设置和引导，推动务实合作。中国已成功举办了四届世界互联网大会，设置不同主题，吸引来自世界各国政商学界和媒体的精英参会，在推进治理体系变革、增进交流、引领创新、促进发展等方面发挥了重要作用，产生了广泛的世界影响。2017 年 12 月召开的第四届世界互联网大会，围绕数字经济、前沿技术、互联网与社会、网络空间治理、交流合作五大板块进行了充分讨论，形成了一些重要共识。中国将持续完善这些不同层级、不同性质和不同功能的国际平台，积极提出自己的价值理念和行动方案，确保网络安全和信息化发展。

（五）深化网络安全合作

中国近些年积极加强双边和多边网络国际交流合作，围绕网络安全政策、关键信息基础设施保护、网络数据安全与个人信息保护、网络犯罪和网络恐怖主义等重要议题，进行了对话和合作，形成了广泛共识，尤其在网络反恐和打击网络违法犯罪方面取得了明显的成效，与世界各国政府、国际组织、企业、技术社群和民间团体等积极交流协商，共同促进网络安全和信息产业快速发展。2017 年 3 月，中国发布的《网络空间国际合作战略》，确立了中国参与网络空间国际合作的六大战略目标，倡导国际社会遵循和平、主权、共治、普惠原则，以构建网络空间命运共同体为目标，共同构建和平、安全、开放、合作、有序的网络空间。2017 年 11 月特朗普访华，双方同意两国继续执行 2015 年关于网络安全合作的五点共识，用好打击网络犯罪和网络安全热线机制，加强在打击网络犯罪和网络保护问题上的合作，包括保持和加强网络安全信息共享，并考虑今后在关键基础设施网络安全保护方面开展合作。2017 年，中美还开启了执法和网络安全对话，两国未来可望保持这一合作势头，在以上领域开展务实性合作，保持稳定的网络关系。此外，中国还深化了与俄罗斯的信息网络空间协作，在金砖国家框架下延伸与印度、巴西、南非等大国网络合作的广度和深度。中国还有序推进与英、法、德等欧洲国家及欧盟网络事务对话，共同推进网络安全对话与合作。在此基础上，中国巩固与非洲、拉美、东盟等地区和国家的网络空间合作成果，继续深挖网络合作潜力。中国还将加强与“一带一路”沿线国家的网络合作，持续推进中国东盟信息港、网上丝绸之路建设，帮助“一带一路”沿线网络欠发达国家熟悉网络安全的相关法律法规，协助建立网络安全战略和政策法规框架，增强“一带一路”沿线各国的互通性和互操作性。此外，中国还需要按网信领域问题的种类、性质和影响，重视与非政府组织和其他一些企业、机构的合作，建立不同层级、不同类型的合作关系。

参考文献

[1] 中央网信办. 中央网络安全和信息化领导小组2017年工作要点 [R]. 2017-03-12.

[2] 郑必坚. 网络化大潮与中国的和平崛起——在第三届世界互联网大会“互联网国际高端智库论坛”上的讲话 [J]. 中国信息安全, 2017 (2).

[3] 薛惠锋. 应松绑除障：释放活力的“关节点” [J]. 学习时报, 2017 (8).

[4] 姜鲁鸣, 王伟海. 军民融合：构建一体化的国家战略体系和能力 [N]. 光明日报, 2017-11-17.

[5] 王雪诚. 人工智能算法：“无形之手”改写战争 [J]. 军事文摘, 2017 (11).

[6] 360 企业. 从“海莲花”再次活动看数据驱动安全 [OL/DB]. 搜狐网, 2017-11-11.
[7] 饶志宏. 万物互联时代之安全挑战与发展建议 [J]. 信息安全与通信保密, 2017 (11).
[8] 赵明. 军事智能化: 这是传给你的“弯道超车”决胜技法 [OL/DB]. 中国军网, 2017.
[9] 徐云峰. 构建国际互联网治理体系已经刻不容缓 [N]. 中华读书报, 2017-08-09.
[10] 印兵, 钟林. 推进网络安全和信息化军民融合深度发展 [J]. 信息安全与保密, 2016 (4).